KB079313

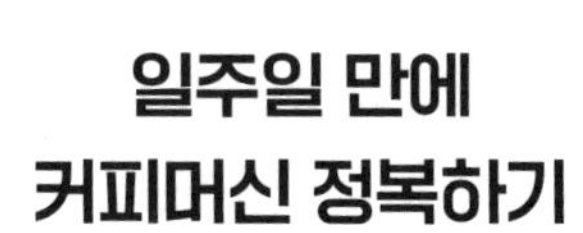
일주일 만에
커피머신 정복하기

권상준 · 문혜린 지음

일주일 만에 커피머신 정복하기

누구나 쉽게 이해하는 커피머신 매뉴얼

Dr.Scale

Dr.Scale

좋은땅

머리말

카페를 운영하면서 가장 큰 어려움 중 하나는 커피머신의 작동 불량 또는 오작동입니다. 이러한 문제로 고객에게 품질 좋은 커피를 제공하는 데 어려움을 겪을 뿐만 아니라 가끔은 예상치 못한 비용도 발생할 수 있습니다. '세탁기, 냉장고, TV 등 훨씬 복잡한 제품들은 10년을 써도 멀쩡한데 왜 유독 싸지도 않은 커피머신은 고장이 잦을까?' 하는 의문으로부터 시작하여 해결책을 찾기 위해 여러 번의 시행착오를 겪었습니다.

특히 커피머신에 관한 정보와 매뉴얼을 찾는 것이 어려웠습니다. 이탈리아 제조사와의 이메일 소통은 번거로운 과정이었습니다.

이러한 과정에서 특허받은 장비를 이용하여 스케일 제거와 커피머신 수리를 전문으로 하는 '닥터스케일'을 알게 되었습니다. 그리고 이제 그 경험을 바탕으로 기술을 공유하고자 이 책을 발간하게 되었습니다.

이 책은 카페 점주, 바리스타, 아르바이트생, 그리고 커피머신 엔지니어를 위한 것으로, 커피머신의 필수 기능을 이해하고 가급적 셀프 수리를 할 수 있도록 상세한 설명과 그림을 제공합니다. 더불어 커피머신 외에도 필수 장비인 그라인더, 온수기, 정수필터 등의 관리와 수리 방법에 대한 내용도 포함되어 있습니다.

기존의 책과는 다르게 이 책은 사진이 아닌 설계 도면과 그림을 중심으로 설명을 하여, 이해하기 쉽도록 구성되었습니다. 또한, 커피머신 내부구조와 부품의 분해, 수리, 세척 방법을 자세하게 다루어 초보자부터 일부 지식을 갖고 있는 분들까지 모두가 활용할 수 있습니다.

이 책을 통하여 커피머신의 기술적 원리와 원칙을 습득하면 손쉽게 유튜브를 통한 각종 커피머신 수리 동영상을 쉽게 이해할 수 있습니다.

커피머신은 기계이기 때문에 정기적인 관리와 수리가 필요합니다. 이 책은 커피머신의 내부 작동 원리를 이해하고, 고장을 진단하며, 문제를 해결하는 데 도움을 드릴 것입니다. 더불어 커피머신을 최적의 성능으로 유지하기 위한 정기적인 스케일링 작업에 대한 자세한 가이드도 포함되어 있습니다.

마지막으로, 커피 맛을 결정짓는 요소들에 대한 이해 또한 중요합니다. 이 책은 원두의 로스팅 상태, 그라인더의 성능, 커피머신의 정상 작동과 관련된 정보도 제공하여 커피의 맛을 향상시키는 데 도움이 될 것입니다.

커피를 사랑하는 모든 분들과 카페 운영자, 엔지니어에게 이 책이 가치 있는 자원이 되길 바랍니다. 감사합니다.

2023년 10월

닥터스케일 권상준 & 문혜린

목차

제3일 차

운영자가 직접 하는 소모품 교체 및 점검 품목, 엔지니어 주요 수리품목

제4일 차

머신 주요 고장 증상 및 커피머신 프로그래밍

제5일 차

커피그라인더 일반 기능 및 정수필터 설치

제6일 차

커피머신 해체 및 재조립

부록: FAQs

제1일 차

원두 종류, 로스팅 기초, 에스프레소 머신 기본 구조

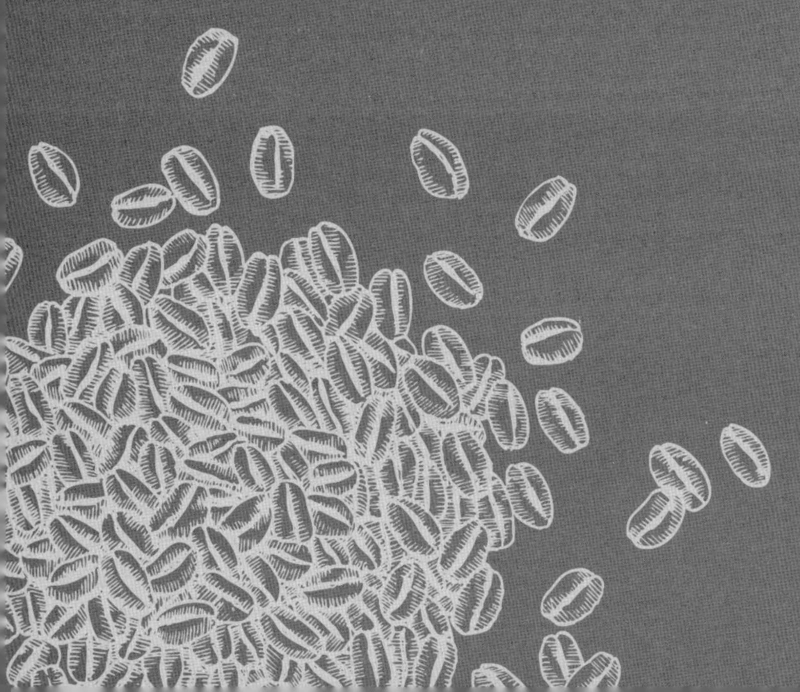

1. 커피 일반 상식

커피 원두 종류

커피는 많은 종류가 언급되지만 기본적으로 아라비카(Arabica)와 로부스타(Robusta) 두 가지 원두 종류로 나눈다고 보시면 됩니다. 아라비카 원두는 미국과 유럽에서 인기가 있으며 부드럽고 고급스러운 맛을 제공합니다. 반면 로부스타 원두는 카페인 함량이 높고 강한 맛을 가지며 주로 아라비카와 혼합하여 사용됩니다.

아라비카 원두는 부드럽고 고상한 맛을 가지며, 산미한 향과 과일 또는 꽃향기를 갖추고 있습니다. 적은 카페인 함량을 가지고 있어서 대부분의 커피 애호가에게 인기가 있습니다.

아라비카 원두는 세계 여러 지역에서 재배되며, 그중 일부 대표적인 생산지는 다음과 같습니다.

- 브라질(Brazil): 브라질은 세계에서 가장 큰 아라비카 원두 생산국 중 하나입니다. 브라질 커피는 부드럽고 과일 향이 풍부하며, 커피 마니아들 사이에서 인기가 높습니다. 브라질은 다양한 지역에서 커피를 생산하며, 미

나스 제라이스(Minas Gerais)와 상파울루(São Paulo)가 주요 생산지입니다.

- 콜롬비아(Colombia): 콜롬비아는 고품질 아라비카 원두를 생산하는 곳으로 알려져 있으며, 커피 생산량과 품질 면에서 세계적으로 중요한 역할을 합니다. 콜롬비아 커피는 균형 있는 맛과 산미한 향이 특징입니다.
- 에티오피아(Ethiopia): 에티오피아는 커피의 고향으로 알려져 있으며, 다양한 아라비카 원두 종류를 생산합니다. 에티오피아 커피는 향기로운 과일 향과 복합적인 맛을 제공하며, 예루살렘에서 온 '예가체프' 원두는 특히 유명합니다.
- 코스타리카(Costa Rica): 코스타리카는 중앙아메리카 지역에서 아라비카 원두를 생산하는 중요한 국가 중 하나입니다. 코스타리카 커피는 균형 잡힌 맛과 미디엄 바디를 가지며, 고품질 원두로 인정받고 있습니다.
- 과테말라(Guatemala): 과테말라는 고지대에서 아라비카 원두를 생산하며, 풍부한 향과 복합적인 맛을 가진 커피로 유명합니다. 안티구아 지방과 후에텐앙고 지방에서 생산된 커피는 특히 인기가 있습니다.

이 외에도 케냐(Kenya), 엘살바도르(El Salvador), 예멘(Yemen) 등 여러 지역에서 아라비카 원두가 생산되며, 각 지역마다 고유한 특성을 가지고 있습니다. 커피 원두의 생산지에 따라 향과 맛이 다르므로, 다양한 아라비카 원두를 시음해 보는 것은 커피 마니아들에게 매우 흥미로운 경험이 될 것입니다.

로부스타 원두는 아라비카보다 높은 카페인 함량을 가지며, 강한 맛과 진한 크레마를 제공합니다. 그러나 보통 아라비카보다는 덜 고상한 맛을 가지고 있습니다.

로부스타(Robusta) 원두는 주로 아프리카와 아시아 지역에서 생산되며, 다음은 로부스타 원두의 대표적인 생산지입니다.

- 베트남(Vietnam): 베트남은 세계에서 가장 큰 로부스타 원두 생산국 중 하나로 알려져 있습니다. 베트남 로부스타 원두는 강한 맛과 진한 크레마를 가지고 있으며, 다양한 커피 브랜드에서 혼합 원두로 사용됩니다.
- 브라질(Brazil): 브라질은 아라비카 원두와 함께 로부스타 원두도 생산하는 국가 중 하나입니다. 로부스타 원두는 주로 에스프레소와 혼합 커피에 사용되며, 강한 맛과 높은 카페인 함량을 가지고 있습니다.
- 인도(India): 인도는 로부스타 원두 생산량이 많은 나라 중 하나입니다. 인도 로부스타 원두는 강하고 진한 맛을 가지며, 에스프레소 블렌드나 혼합 커피에 사용됩니다.
- 인도네시아(Indonesia): 인도네시아는 수마트라 로부스타(Sumatra Robusta)와 자바 로부스타(Java Robusta)와 같은 로부스타 원두를 생산하는 국가 중 하나입니다. 이 지역의 로부스타 원두는 강하고 복합적인 맛과 높은 카페인 함량을 가지며, 다양한 커피 브랜드에서 사용됩니다.

로부스타 원두는 주로 에스프레소 블렌드, 인스턴트커피, 커피음료 혼합물 등 다양한 형태로 사용되며, 특징인 진한 맛 때문에 우유, 연유를 추가하는 경우가 많습니다.

아라비카 원두보다는 더 강한 맛과 더 높은 카페인 함량을 가지고 있어, 커피 종류와 맛의 다양성을 더하려는 목적으로 많이 사용됩니다.

핵심 요약

커피는 크게 아라비카와 로부스타 2종류로 나누고, 아라비카는 풍부한 맛을 가지고 있으나 재배가 어렵고 가격이 비싼 반면 로부스타는 제배가 쉽고 가격이 싸지만 쓴맛이 강하고 카페인 함량이 높기에 두 가지를 적절히 블렌딩하여 맛을 조화롭게 내는 것이 일반적입니다. 배추로 비교하면 아라비카는 고랭지 배추와 같다고 볼 수 있습니다.

2. 로스팅 강도에 따른 원두의 맛 변화

커피 원두의 로스팅 강도는 원두의 맛과 향을 크게 영향을 미칩니다. 로스팅 강도는 원두가 로스터에서 얼마나 오래, 어느 정도의 온도로 로스팅되는지를 나타내며, 이로써 커피의 특성이 결정됩니다. 일반적으로 8단계로 구분하며 로스팅 강도에 따른 원두의 맛 변화가 있습니다.

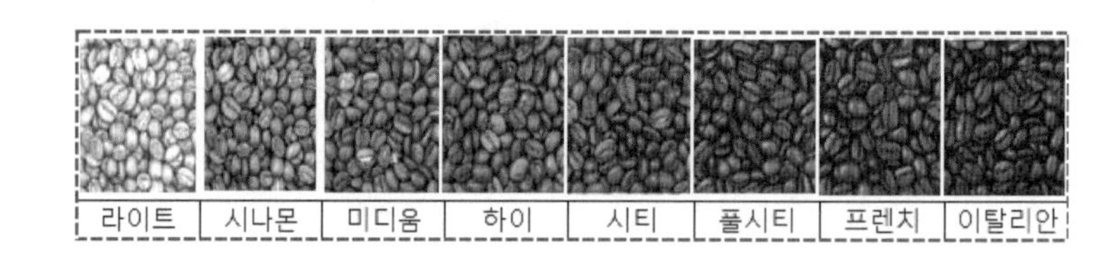

2-1. 라이트 로스트(Light Roast): 약배전

로스팅 특징: 라이트 로스트는 원두를 상대적으로 짧은 시간 동안 낮은 온도로 로스팅하는 과정입니다.

맛 특징: 라이트 로스트 원두는 밝은 색상과 가장 높은 산미한 향과 산도를 가지고 있습니다. 꽃 향, 과일 향, 허브 향 등이 뚜렷하게 나타납니다. 카페인 함량이 높아 부드러운 텍스처를 가지고 있습니다.

2-2. 미디움 로스트(Medium Roast): 중배전

로스팅 특징: 미디움 로스트는 원두를 중간 정도의 온도로 로스팅합니다.

맛 특징: 미디움 로스트는 밝은 갈색에서 중간 정도의 갈색 색상을 가지며, 산미한 향과 단맛이 균형을 이룹니다. 과일의 달콤한 풍미와 가벼운 초콜릿 또는 견과류 향이 나타납니다.

2-3. 다크 로스트(Dark Roast): 강배전

로스팅 특징: 다크 로스트는 원두를 높은 온도로 오래 로스팅하는 과정입니다.

맛 특징: 다크 로스트는 깊은 갈색에서 거의 검은 색을 가집니다. 산미한 향과 산도가 줄고, 풍부한 단맛과 풍미 있는 구운 풍미가 강조됩니다. 다양한 커피 로스팅 강도 중에서 가장 강한 풍미를 제공합니다.

로스팅 강도에 따른 커피의 맛과 향은 커피 로스팅 마스터의 예술적인 결정에 의해 조절됩니다. 맛의 선호도는 개인마다 다를 수 있으며, 라이트 로스트부터 다크 로스트까지 다양한 로스팅 강도를 시도하여 자신에게 가장 적합한 커피 스타일을 찾아보는 것이 좋습니다.

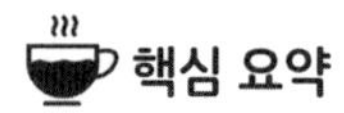

핵심 요약

짙은 색의 원두는 강배전이고 이름은 이탈리안, 프렌치입니다. 즉, 커피머신, 그라인더의 대부분을 생산하는 유럽 제품의 기준은 강배전 원두이고 매뉴얼이 그 기준으로 쓰여 있습니다. 그런 이유로 중배전을 주로 사용하는 한국에서는 그라인더 칼날 교체 시기가 20%의 여유가 생기게 됩니다.

3. 에스프레소 머신 기본 구조

반자동 에스프레소머신의 기본 구조는 크게 물 공급장치, 전기/전자 제어장치, 그리고 안전장치 세 가지로 나눌 수 있습니다.

대부분의 머신 고장은 물 공급장치에서 일어나고 전기/전자 제어장치는 수명을 다한 경우가 대부분이라 수리보다는 교체에 중점을 두며 안전장치는 안전상의 이유로 교체를 원칙으로 합니다. 그럼에도 불구하고 원리를 이해하고 분해 청소를 하는 경우, 대다수의 부품이 정상 작동하니 그 부분도 충분히 숙지하시길 바랍니다.

시중의 많은 커피머신 정비 책들이 실제 부품 사진을 토대로 설명하지만, 같은 기능, 같은 이름을 가진 부품이라 할지라도 제작사에 따라 수십, 수백 개의 다른 형태를 가지고 있어 헷갈릴 수 있기에 차라리 그림을 통해 이해하고 독자분들이 직접 그려 보는 것을 추천해 드립니다.

3-1. 물 흐름에 따른 머신 구조

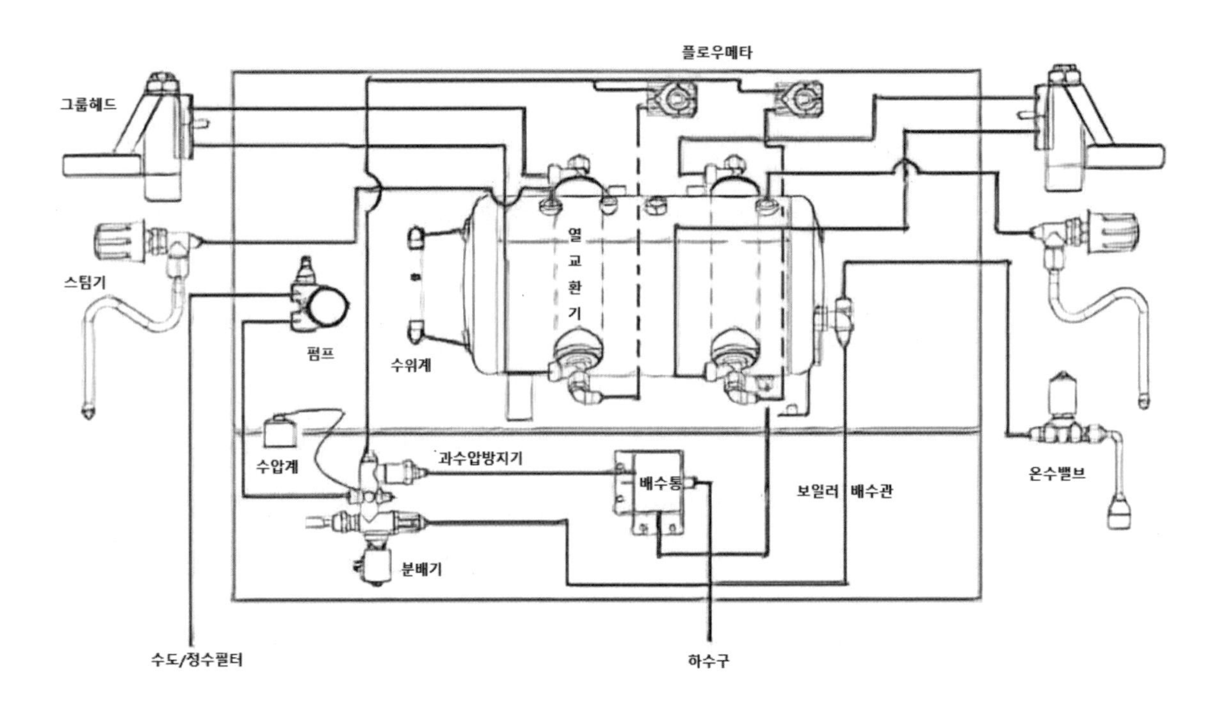

위의 도면을 보면 수돗물에서 에스프레소, 스팀, 그리고 온수가 나오는 과정은 지극히 단순합니다. 위의 전 과정을 순수하게 사람의 힘만으로 할 수도 있지만(수동 머신) 그렇게 하기에는 체력적 부담이 있어서 전기장치를 통해 제어를 하게 되는 것이 우리가 공부해야 할 '반자동 커피머신' 이고 바리스타에 따라 맛과 향이 달라지게 되는 것입니다. 물론 스타벅스와 같은 브랜드는 커피 그라인딩부터 우유 스팀까지 완전 '자동 머신'을 사용하는 곳도 있지만 그 부분은 이 책에서는 배제합니다.

정수필터를 통한 정수된 찬물이 펌프로 유입되고 펌프에서 분배기로, 분배기에서 스팀과 온수 사용을 위한 보일러로 그리고 에스프레소 추출을 위해 열교환기의 하단 밸브로 가게 되는데 커피 추출량 조절을 위해 플로우 메타를 거치게 됩니다.

열교환기 위아래 두 밸브와 그룹 헤드가 연결되어 있습니다.

보일러 내부 50~70%는 물로 채워지고 남은 공간은 수증기로 채워지며 스팀으로 이용됩니다. 스팀은 별다른 장치 없이 압력 차이를 이용하는 것입니다. 온수 밸브는 옵션에 따라 보일러에서 나오는 온수가 지나치게 뜨겁기 때문에 찬물을 섞어 주는 믹스 기능이 있기도 합니다.

핵심 요약

에스프레소 머신의 커피 추출을 위한 공간은 열교환기를 통해 별도로 마련되고 고온을 위하여 1bar로 표시되지만 실제로는 (+)1bar로 2기압이기에 끓는점이 섭씨 120℃의 고온이며 열교환기는 물이 꽉 찬 진공상태이기에 빠르게 온도를 올려 줍니다. 일부 고급 머신은 열교환기가 밖에 나와 있는데 이 경우 열교환기 내부에 각각 히터가 있습니다. (총 3개)

3-2. 전기 흐름에 따른 머신 구조

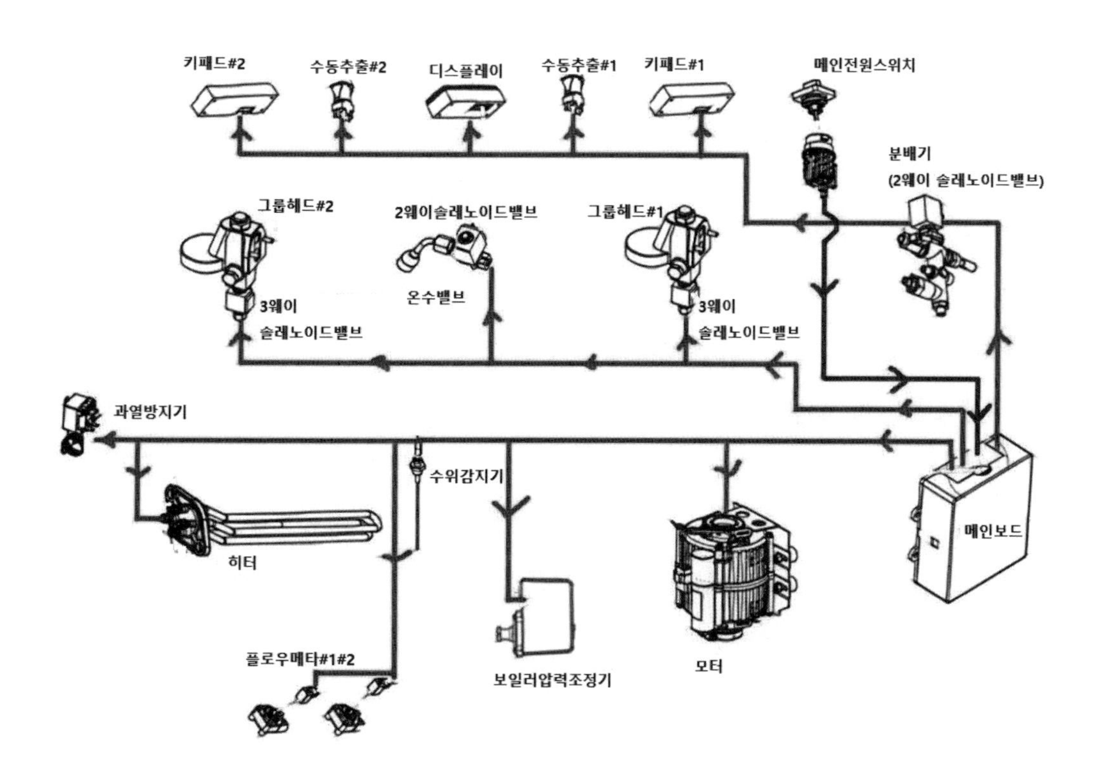

커피머신의 전기장치를 모두 이해하는 것은 어렵지만 최소한의 지식은 가지고 계셔야 합니다. 머신 외부에서 운영자가 만지는 전기장치는 통상 2개입니다. 머신의 전원 및 히팅을 명령하는 전원스위치와 에스프레소와 온수를 제어하는 키패드입니다.

전원스위치가 ON/OFF로 이뤄진 경우에는 ON에서 보일러에 물이 유입되고 히팅까지 한 번에 진행되는 경우이며 반면에 0, 1, 2, 3으로 구성된 스위치라면 0은 OFF 모드이고 1은 물이 보일러에 유입되는 모드이고 2는 히팅이 시작되며(70%) 3은 최대로(100%) 히팅이 작동하게 됩니다. 2번까지 있는 경우에는 절전 기능(Eco Mode) 옵션이 없는 경우입니다.

좀 더 자세히 알아보면, 일반적으로 1번 모드에서 120초 안에 물이 유입되고 물이 MIN(50%)과 MAX(70%) 사이에서 수위 감지기를 통해 인지되면 자동으로 멈춰집니다. 2번 모드에서는 히터가 부분 작동되며 Eco Mode입니다. 평상시에 사용하게 되며, 3번에서는 Max Mode로 히터가 100% 작동하게 됩니다. 바쁜 시간에 에스프레소 추출이 필요할 때 사용하게 됩니다.

스위치는 0-1-2-3의 순서로 되어 있는 것이 일반적이지만 제작사에 따라 중앙에 0 좌측에 1 그리고 우측에 2-3이 위치하기도 하는데 이 경우 실수로 물이 없는 상태에서 바로 2번으로 스위치를 위치하게 되면 히터가 과열되어 과열 방지 스위치가 작동되어 히터가 작동을 멈춰 고장을 방지합니다. 이 경우 과열 방지기 스위치를 리셋(Reset) 후 사용하시면 됩니다.

2번 모드에서 보일러의 적정 온도(120℃)까지 올리는 데 45분, 3번 모드에서는 25분 정도 소요되기에 퇴근 시에 전원을 켜 놓거나 슬립(Sleep) 모드로 놓고 퇴근하는 것이 유리합니다.

슬립 모드 설정은 키패드를 통해 행해지며 각 머신마다 다르지만 일반적으로 5번, 3번 버튼을 동시에 눌러서 설정됩니다. 보일러 내부 물의 온도가 120℃에서 2℃ 이상 떨어지면 보일러 히팅이 작동하게 되지만 슬립 모드로 들어간 경우에는 작동하지 않습니다. 아침에 출근해서 3번 버튼을 눌러 주면 정상 모드로 돌아오고 1~2분 안에 120℃로 회복됩니다.

키패드는 통상 좌/우 6개가 있으며 그림으로 기능을 설명하고 있습니다.

이 키패드에는 하나하나 이름이 있는데 그 이름을 알아야 머신 프로그래밍을 할 때 사용할 수 있기 때문에 반드시 영문으로 기억하여야 합니다.

1) espresso 2) coffee 3) 2 espressos 4) 2 coffees 5) 3 coffees or continue coffee 6) tea

제품 출고 시 제작사 기준에 따라 각각 물량 세팅이 되어 있지만 운영자가 프로그래밍을 통해 원하는 대로 세팅을 하여 사용하게 됩니다. 머신 프로그래밍은 4일 차에 다루겠습니다.

전원스위치와 키패드는 머신 내부에 위치한 메인보드(PCB)에 연결되어 있고 메인보드에서 모든 것을 제어하는데 물을 제어하기 위해 전자 수도꼭지 역할을 하는 솔레노이드밸브를 통하여 물길을 여닫고 플로우 메타 제어를 통해 원하는 물량을 조절합니다.

메인보드에서 전원스위치의 명령에 따라 0-OFF, 1-보일러 급수(솔레노이드밸브), 2-보일러 70% 히터 가동, 3-보일러 100% 히터 가동 명령을 수행하고 키패드의 명령에 따라 온수/믹스/그룹 헤드 솔레노이드밸브를 작동시키는 구조이고 옵션에 따라 온수 및 믹스 솔레노이드밸브는 없을 수 있습니다.

이것이 전기 흐름의 주요 구조이며 개별 부품(솔레노이드밸브, 플로우 메타, 과열 방지 스위치 등)의 전기 흐름은 부품에서 다루겠습니다.

핵심 요약

전원스위치는 모터를 구동하여 물을 채우고, 히팅을 명령하는 기능을 수행하며, 키패드의 가장 큰 역할은 메인보드의 메모리 기능을 프로그래밍을 통해 원하는 물의 양을 조절하는 데 있으며 솔레노이드밸브는 물길을 여닫는 수도꼭지와 같은 역할을 합니다. 그리고 수동 버튼은 키패드 고장 시 유용하게 쓸 수 있는 추출 버튼이니 꼭 기억하시기 바랍니다.

3-3. 커피머신 안전장치

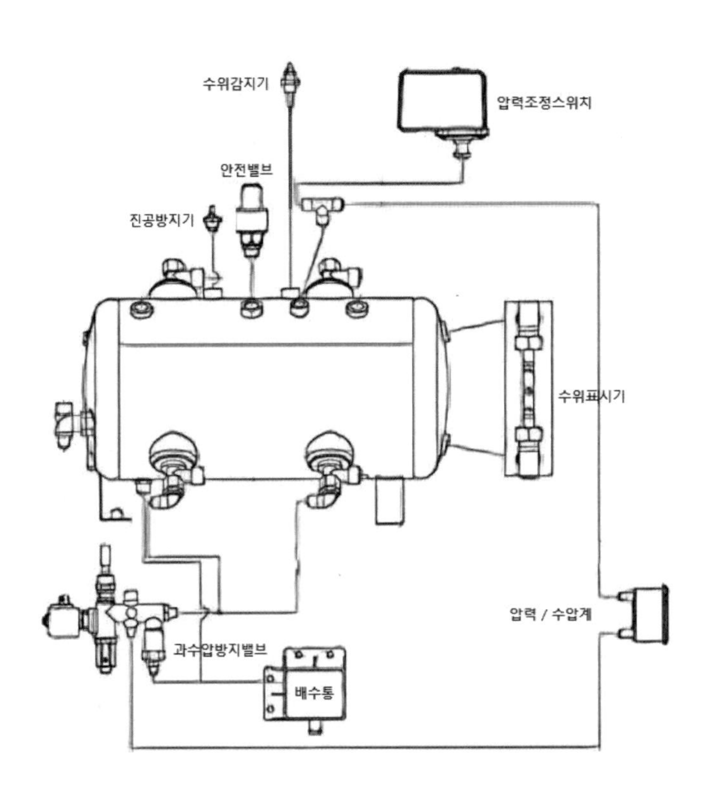

커피머신에 있는 가장 중요한 안전장치는 하나 혹은 두 개로 나눠져 있는 계기판입니다.

하나는 커피머신의 수압을 나타내는 수압계이며 다른 하나는 보일러 압력계입니다.

하나밖에 없는 계기를 이해하는 게 무엇보다 중요합니다. 그리고 커버 안에 있어서 보이지는 않지만 커버를 열었을 때 보이는 안전장치 하나하나를 이해하도록 하겠습니다.

1) 수압 게이지: 수압 게이지는 물의 압력을 나타내며 통상 0~15bar 범위로 표기되며 수압의 측정은 분배기에서 연결된 가느다란 동관을 통해 측정합니다. 머신을 사용하지 않을 때에는 수도의 수압을 나타내는데 통상 2~4bar의 범위를 나타냅니다. 싱크대 수압과 같은 압력을 보여 줍니다. 만약 수압이 낮아서 건물에 펌프가 설치되어 있거나 가게에 펌프를 설치하여 사용하는 경우 5~7bar를 나타내게 되는데 지나치게 높은 수압은 커피머신 임펠라 펌프의 손상을 유발하게 됩니다. 그런 이유로 수압이 너무 높다면 커피머신 전용 감압밸브를 설치하여 사용하여야 합니다.

수압계 보일러압력계

2) 압력 게이지: 다른 하나는 보일러 압력 게이지입니다. 보일러 내부의 온도가 상승함에 따라 압력이 상승하는데 정상 범위는 0.8~1.2bar이며, 여기서 중요한 것은 여기에 1bar라고 표시될 때 실제 기압은 2bar로 2기압으로 생각하면 됩니다. 그래서 1bar를 표시할 때 보일러 내부는 온도는 120℃이므로 온도계의 역할을 하게 됩니다.

즉, 0.8~1.2bar는 117~123℃로 해석할 수 있으며 이 온도가 유지돼야 그룹 헤드에 이르러 적절한 추출 온도인 90℃ 전후의 온도로 에스프레소 추출이 이뤄지는 것입니다.

3) 과 수압 안전밸브: 임펠라 펌프에서 도달하는 물은 분배기로 가는데 이곳에서 보일러, 플로우 메타, 수압계 등으로 나눠집니다. 만일 압력이 지나치게 높아지면(통상 13bar) 자동으로 열려서 수압을 낮춰 주는 역할을 하는 밸브이며 머신 내에 과도한 수압이 유입되는 것을 방지합니다.

4) 진공방지기: 진공방지기는 보일러 상단에 위치하며, 압력밥솥의 추와 같은 역할을 합니다. 보일러 내부에 60~70%의 물이 차는 동안 보일러 내부의 공기를 빼 주는 '숨구멍' 역할을 합니다. 이후 히터가 가동되어 물이 끓으면서 보일러 내부의 공기와 함께 수증기가 빠져 진공방지기가 올라오면 보일러 안에는 물과 수증기가 갇히게 됩니다. 이때부터 물의 온도는 100℃가 넘어 120℃까지 상승되고, 온도가 상승됨에 따라 내부의 압력이 0.8~1.2bar까지 증가하여 스팀과 온수를 사용할 수 있게 됩니다. 부품의 형태는 다양하지만 기능은 동일합니다.

5) 수위 감지기: 전극봉 형태의 수위 감지기는 보일러 안에 펌프로 물을 채우면 물이 수위 감지봉에 닿게 되면 그 신호를 메인보드에 보내고 메인보드에서 펌프로 신호를 주게 되어 물의 유입을 멈추게 됩니다. 끝부분에 스케일이 생기면 감지를 못하게 되어 수위가 높아지기 때문에 적절한 청소가 필요한 부품입니다.

6) 압력 조정 스위치: 보일러 상부에 있는 두 개의 관이 하나는 보일러 압력 게이지로 가서 압력을 측정해서 보여 주고 다른 하나는 압력 조정 스위치로 연결되어 있는데 정상 압력(0.8~1.2bar)에 도달하게 되면 자동으로 전원이 단락되고 히터가 가동을 멈추게 되어 더 이상 히팅이 되지 않음으로 압력이 올라가지 않도록 조절하고 압력이 떨어지면 다시 접지되고 히터가 가동되어 일정한 압력을 유지할 수 있게 해 줍니다. 최초 설치 시 노란 커버를 열고(+, -)로 표시된 조절 나사를 일자 드라이버를 이용하여 1bar 전후로 맞춰 줍니다.

7) 안전밸브: 보일러의 압력을 일정하게 유지하는 장치가 있음에도 불구하고 고장 시 보일러 폭발 사고로 이어질 수 있기에, 2차 안전장치로 보일러 상단에 설치되며 1.8bar 초과 시 자동으로 열려 폭발을 방지합니다. 보통 실리콘 관으로 배수통과 연결되어 있습니다.

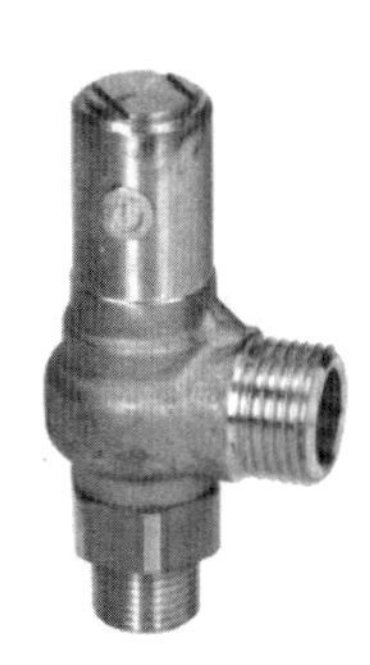

8) 수위 표시계: 보일러 상단과 하단에서 밸브를 연결하여 투명한 관을 이용하여 육안으로 물 수위를 빨간 공(Ball)으로 확인할 수 있게 해 놓은 단순한 장치이며 일부 머신은 디지털로 중앙 디스플레이 장치에 표시하기도 합니다.

핵심 요약

안전장치가 고장 나는 경우는 드물지만 이해를 하고 있어야 하며, 에스프레소 추출 시 보여지는 수압계, 보일러 압력계 등의 정상 작동 범위를 알아야 커버에 쌓여 보이지 않는 내부 부품 이상 유무를 진단할 수 있습니다.

제2일 차

필요 공구 종류 및 사용법, 커피머신 주요 부품의 이해

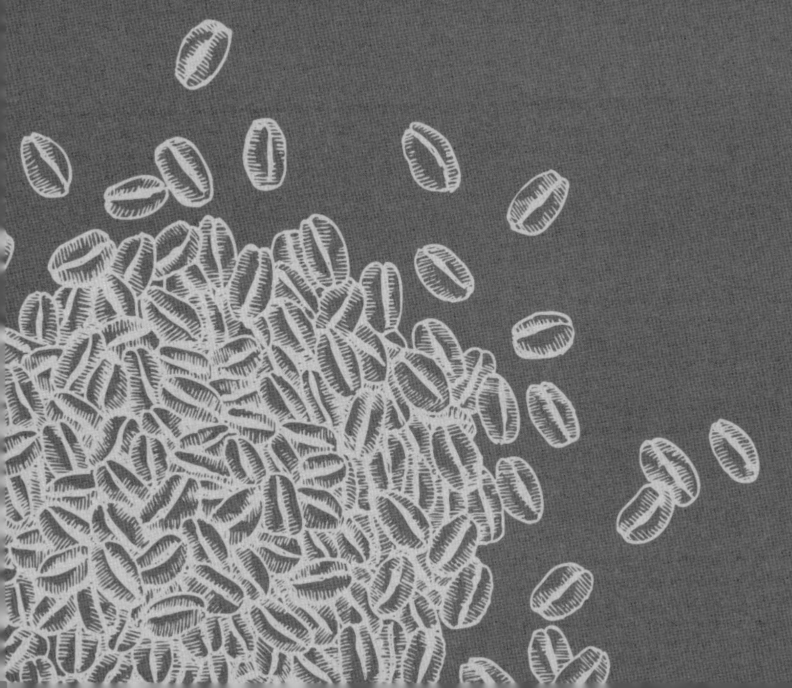

1. 필요한 수리 공구 및 사용법 소개

커피머신 수리에 쓰이는 공구는 일반적으로 드라이버, 스패너, 소켓렌치, 육각 렌치, 그립 플라이어, 가위, 테스터기, 펜치, 롱노우즈, 그리고 절연&테프론 테이프 등입니다. 자주 쓰이는 공구 및 사이즈를 알아보고 유용한 사용법을 알아보겠습니다.

기본적으로 시계 방향은 잠그고 반시계 방향은 풀어 주게 됩니다. 그리고 니플(NIPPLE)이란 동으로 된 부품이 많이 사용되는데 모양은 볼트(BOLT), 너트(NUT)와 비슷하지만 나사산의 간격이 다르기 때문에 같이 쓰시면 안 됩니다.

1-1. 드라이버

#0, #1, #2, #3로 표기되는 (+)자 드라이버는 #2 사이즈가 일반적이나 솔레노이드밸브 해체 시에는 #0 사이즈도 필요하기에 모든 사이즈를 구비하고 나사 머리에 맞는 드라이버를 사용하여야 합니다. 사이즈가 맞지 않으면 나

사산이 뭉개지게 되고 작업에 곤란을 겪게 됩니다. 작업환경이 협소하기에 주먹 드라이버는 필수입니다. (-)자 드라이버의 경우에는 6mm 사이즈가 일반적이나 1.8~10mm(11종)까지 다양한 사이즈를 가지고 있어야 합니다.

중요한 것은 어떤 모양이던 정확한 사이즈의 드라이버를 체결해야 나사산의 손상 없이 수월하게 작업을 할 수 있습니다.

1-2. 스패너

기본적으로 6mm부터 24mm까지 구성된 풀세트를 구비하시는 것을 추천해 드립니다. 래칫 기능이 있는 것이 사용하기 편하며 25mm~36mm까지 사용되는 경우를 대비하여 몽키스패너를 준비하여야 합니다. 스패너는 같은 사이즈라도 크기가 다른데 큰 사이즈의 스패너는 풀 때 사용하고 작은 사이즈의 스패너는 다시 잠글 때 사용하여야 합니다.

통상적으로 커피머신 수리에 많이 쓰이는 사이즈는 9, 10, 12, 14, 17, 18, 19, 22mm입니다.

1-3. 육각 롱 핸드 소켓

스패너를 이용해서 분리할 수도 있지만 그룹 헤드, 솔레노이드밸브, 진공밸브, 수위 감지기 등 민감한 부품의 경우 오래된 경우 풀기도 어렵고 자칫 손상이 우려되기에 소켓렌치 사용을 권장합니다. 모든 사이즈를 갖추면 좋겠지만 10, 19, 22, 24, 36mm는 많이 쓰이는 이유로 반드시 구비하시기 바랍니다. (흔히, 복스알이라고 칭합니다.)

1-4. 육각 볼 렌치

이케아에서 가구를 사면 한두 개씩 들어 있는 육각 렌치인데 한쪽은 육각이고 다른 한쪽은 볼 모양으로 되어 있는 게 일반적이며 세트로 구비하는 게 좋으며 자주 쓰이는 3, 3.5, 4, 5mm 등은 개별로 추가 구비하는 게 유용합니다. 커피머신에서는 솔레노이드밸브 체결하거나 내부 부품에 많이 쓰입니다. 기본 사용법은 정확한 사이즈로 완전히 체결 후 풀고 어느 정도 풀린 후에는 볼 렌치를 이용하게 되면 쉽게 작업이 가능합니다.

1-5. 그립 플라이어

커피머신의 동관을 이어 주는 너트형 나사는 반드시 반대편을 고정시켜 주고 돌려야 안전하게 작업을 할 수 있습니다. 스패너 두 개를 이용해도 되지만 그립 플라이어를 이용해서 고정 후 작업을 하는 것이 유용합니다. 기본적인 사용법은 그립 플라이어의 나사를 시계 방향으로 돌려서 고정하고자 하는 너트 등에 맞게 조인 후 반시계 방향 반 바퀴 돌린 후에 움켜쥐게 되면 고정이 됩니다. 너무 큰 힘으로 조이면 너트나 관이 상하게 됨으로 주의하여야 합니다.

1-6. 테스터기

콘덴서 측정 모드

테스터기는 전압, 전류, 저항 등을 기본적으로 측정하지만 커피머신에는 콘덴서(커패시터)의 측정이 매우 중요하기 때문에 콘덴서값을 측정할 수 있는 기능이 있는 테스터기를 구비하여야 합니다. (일반 테스터기보다 비쌉니다.)

 **핵심 요약**

좋은 공구와 정확한 공구 사용은 수리의 절반 이상을 차지합니다. 작업의 효율과 안전을 위해 투자를 아끼지 마십시오.

2. 안전 수칙과 작업환경 준비

커피머신 수리 작업 전에 3가지의 안전 수칙을 실시하는 것을 원칙으로 합니다. 그것은 물/전기/스팀의 위험으로부터의 안전조치입니다. 머신에 들어가는 물을 차단하고 전원스위치를 끄고 배전반에 있는 차단기까지 내린 후 스팀을 빼고 작업을 준비합니다.

이렇게 되면 작업 시 물이 전기 부품에 닿는 것만 주의하면 되고 장갑을 끼고 작업 천을 준비하여 머신 하부 등에 깔아 주면 안전한 작업이 준비가 된 것입니다.

떼어 낸 부품은 좌/우 섞이지 않게 구분하여 정리하고 사용할 공구도 미리 가지런히 정리하여 사용 후 회수하는 습관을 들이는 게 유용합니다.

밑에 가지런하게 깔아 둔 작업 천은 물기로부터 부품을 보호하기도 하지만 나사 등의 분리 시 튀거나 하여 분실되는 경우를 방지합니다.

실제로 작업 시간보다 잃어버린 나사를 찾는 시간이 더 긴 경우도 있습니다.

마지막으로 작업 전에 반드시 부품의 설계도를 확보하시라고 권장해 드립니다. 설계도를 보면 제작자의 의도를 이해하게 되고 필요한 부품(오링, 개스킷-규격, 재료)을 알 수 있기 때문에 확실한 수리가 될 것입니다.

핵심 요약

안전 수칙은 항상 지켜 주시고 설계도를 보는 법을 익히시기 바랍니다.

3. 커피머신 내 주요 부품 및 기능

3-1. 모터/펌프/콘덴서

모터는 임펠라 펌프를 구동하는 역할을 하며 콘덴서는 배터리로 10마이크로패럿(μF)의 용량을 주로 사용하며 2년에 한 번 정도 용량을 측정하여 80% 이하의 용량이 남았을 때 교체해 주는 것이 좋습니다. 콘덴서가 약해지면 모터가 잘 돌지 못하고 모터가 잘 돌지 못하면 물의 압력이 떨어져서 임펠라 펌프에 무리가 가게 되어 베어링이 굳게 되며 커피머신 주요 고장의 원인이 됩니다. 임펠라 펌프의 주요 기능은 물을 빨아들여 머신에 물을 공급하고 압력을 조절하는 역할을 수행하는데 그림의 B 부분이 고정 나사로 13mm 스패너로

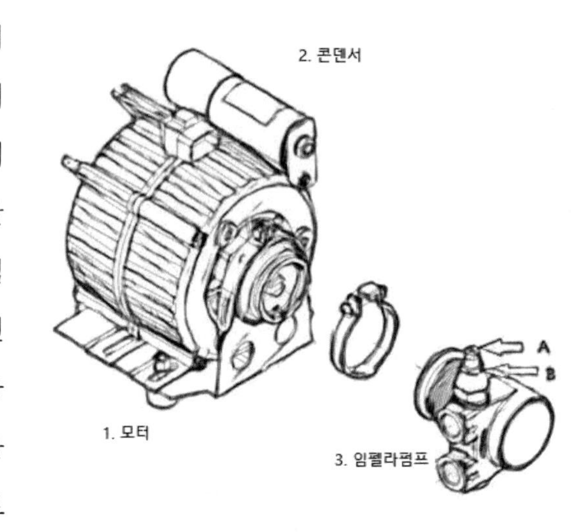

풀어 주고 **A** 나사를 시계 방향으로 돌려 주면 압력이 올라가고 반시계 방향으로 돌려 주면 압력을 낮출 수 있습니다. 커피 추출 버튼을 누르고 9bar로 맞춰 준 후에 고정 나사를 다시 조여 주면 됩니다.

펌프에서 소음이 들리고 수압 조절이 안 되는 등 임펠라 펌프 고장 시에는 펌프를 교체해야 하는데 교체 시에는 연결된 급수, 배수 라인을 풀고 가운데 둥그런 연결고리를 (+)자 드라이버로 풀어 주면 모터와 펌프가 분리되며 구리스 등의 윤활유를 충분히 바르고 새것으로 조립하면 됩니다.

콘덴서 교체 시에는 2개의 연결전선을 뽑고 고정 나사를 풀어 제거한 후에 새것으로 좌우 구분 없이 연결하면 됩니다.

3-2. 분배기

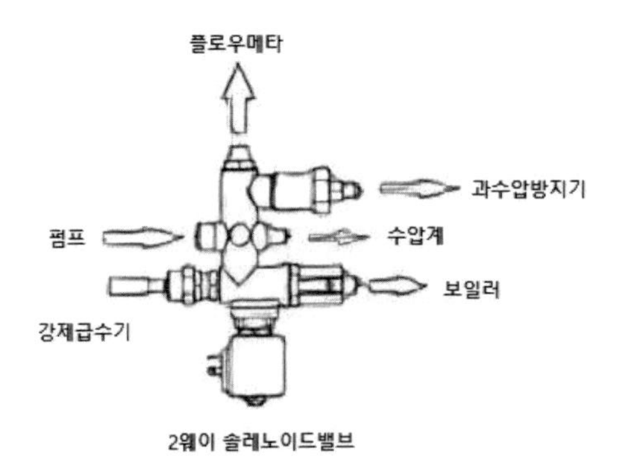

펌프로부터 물을 공급받은 분배기는 플로우 메타를 거쳐 열교환기로, 보일러 내부로, 수압계로, 그리고 과 수압이 걸렸을 때 물을 흘려 주는 과 수압 방지기로 구성되어 있으며 일부는 2개로 나뉘어져 있고 옵션에 따라 온수 밸브의 물 온도를 낮춰 주는 믹스(Mix) 밸브로 연결하는 밸브로 구성되어 있습니다.

보일러에 물을 급수 시에는 2웨이 솔레노이드밸브를 열어서 보일러 내부로 급수하게 되는데 솔레노이드밸브 고장 등의 이유로 강제 급수 밸브를 이용할 수 있습니다. 또한 수압계와 직접 연결하여 수압을 수압 게이지에 나타내게 됩니다.

다음 그림은 앞의 분배기를 분해한 그림입니다.

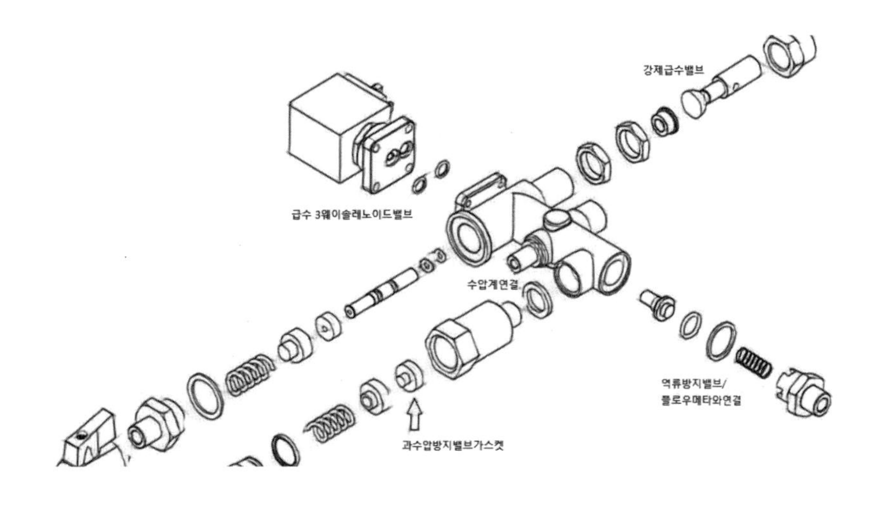

앞 그림에서 주로 문제가 되는 것은 과 수압 방지 밸브의 개스킷이 닳아서 13bar 이하에서도 물이 새는 경우가 발생하는데 분해 후 개스킷을 교체해 주면 됩니다.

역류방지밸브는 플로우 메타로 이동한 물이 분배기로 역류하는 것을 방지하는 역할을 합니다.

3-3. 플로우 메타

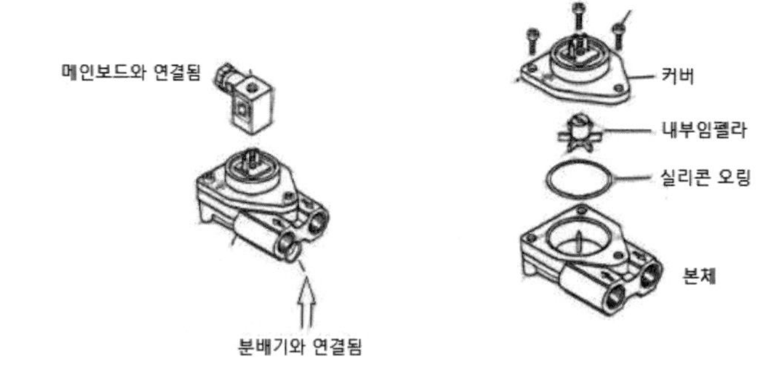

플로우 메타의 기본 역할은 분배기로부터 받은 물을 열교환기로 전달하는 데 있어서 그 양을 측정하는 데 있습니다. 내부에 바람개비 모양의 임펠라가 회전수로 물의 양을 측정하여 메인보드로 전달하게 됩니다. 고장 증상은 물의 양이 측정되지 않아 커피 추출 시 멈추지 않는 증상이 나타나는 경우입니다. 고장 원인으로는 내부 임펠라에 이물질이나 스케일이 생긴 경우와 커버와 메인보드 연결선의 문제인 경우가 많으며 통상 커버만 교체하면 해결되는 경우가 많습니다.

3-4. 솔레노이드밸브

솔레노이드밸브는 전자식 수도꼭지로 이해하시면 됩니다. 구조는 매우 단순하여 코일과 바디 2부분으로 구성되어 있으며 기본 원리는 전기를 넣어 주면 코일이 전자석처럼 작동하게 되고 바디 안의 스프링을 잡아당겨, 막고 있던 구멍이 열리게 되어 물 흐름이 이뤄지게 됩니다. 커피머신에서 사용되는 2웨이, 3웨이 솔레노이드밸브 모두 같은 원리이고 형태가 부착형이든 통로형이든 모두 같은 원리입니다. 기본적 원리를 이해하고 용도별로 차이를 알아보도록 하겠습니다.

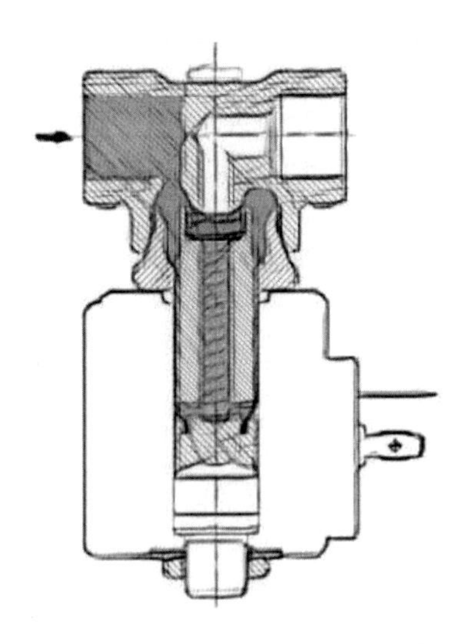

코일에 전기가 흐르지 않아 통로를 막고 있는 상태

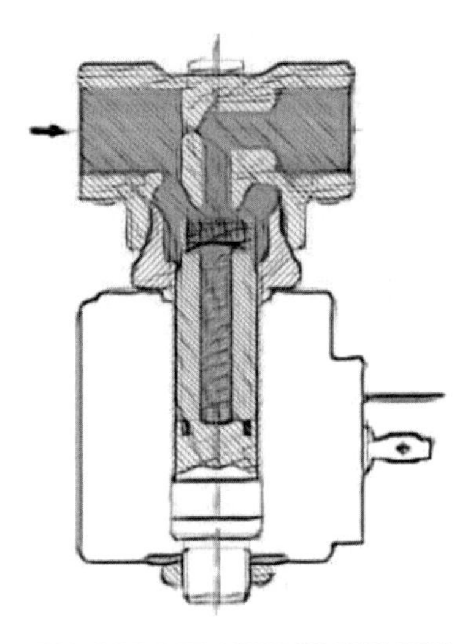

코일에 전기가 흐르며 스프링이 뒤로 당겨져 통로가 열려서 물이 흐르는 상태

앞의 솔레노이드밸브는 가장 기본적인 솔레노이드밸브의 기능을 보여 줍니다.

모양은 통로형이며 양방향이기에 2웨이 솔레노이드밸브이며 커피머신 온수기 제어에 사용됩니다. 부착형의 경우에는 모양은 다르지만 바디 내부와 코일 그리고 스프링의 역할은 동일합니다.

부착형 2웨이 솔레노이드밸브는 분배기에서 보일러 내부로 들어가는 통로를 제어하는 역할을 합니다.

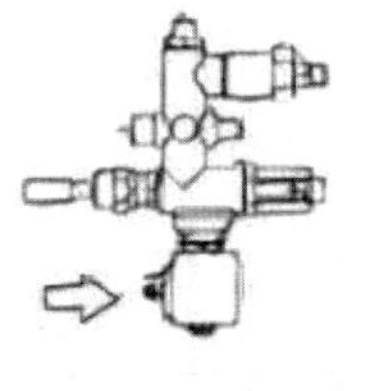

부착형 2웨이 솔레노이드밸브
(분배기부착)

통로형 2웨이 솔레노이드밸브
(온수기부착)

2웨이 솔레노이드밸브와 달리 3웨이 솔레노이드밸브는 3개의 통로가 있습니다.

2웨이에서 막혀 있던 하단에 구멍이 있는 형태이며 이렇게 구멍이 있는 이유는 압력을 빼 주는 백프레서(Back Presser) 기능을 수행하기 위함이며 그룹 헤드 하단에 각각 부착되어 있습니다. 그 기능과 구조는 에스프레소 추출 프로세서에서 다루도록 하겠습니다.

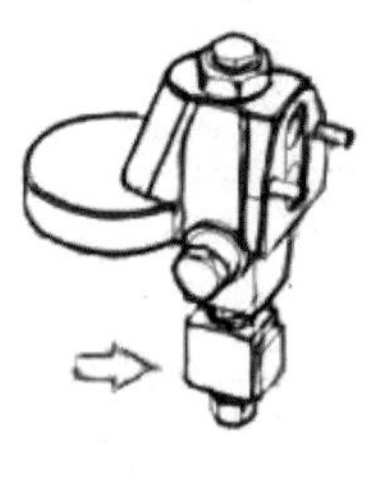

3웨이 솔레노이드밸브
(그룹헤드에 부착)

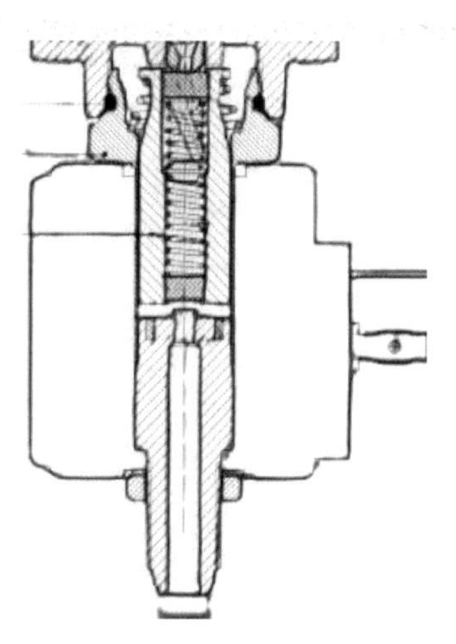

4. 에스프레소 추출 프로세서 설명

정수된 물이 에스프레소가 되기까지 거치는 장치를 단계별로 살펴보면 1) 펌프 2) 분배기 3) 역류방지밸브 4) 플로우 메타 5) 열교환기 6) 그룹 헤드로 이뤄지지만 열교환기와 그룹 헤드에서의 물 흐름은 자세히 알아볼 필요가 있습니다.

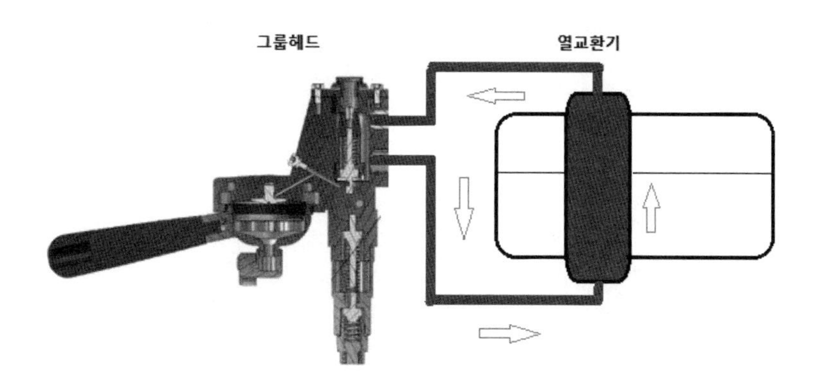

열교환기는 유명한 커피머신 회사인 'La Cimbali(라심발리)'의 창업자인 'Giuseppe Cimbali(쥬세페 심발리)'가 개발하였습니다. 이 열교환기는 안정된 커피 추출을 하는 데 큰 도움을 줍니다. 추출을 위한 물은 분리된 공간에 있어야 일관된 추출을 할 수 있고, 에스프레소 추출 조건을 제어하기 용이하기 때문입니다. 보일러 내부에 원통형으로 보통 400ml 전후 용량을 가지고 있는데 열교환기는 단순히 추출 수 보관뿐 아니라 그룹 헤드와의 열을 교환하는 역할을 합니다. 열교환기는 그룹 헤드와 2개의 배관으로 연결되어 있으며 이 2개의 배관을 통해 열이 순환하게 됩니다. 그룹 헤드는 외부로 노출되어 있기 때문에 그룹 헤드 내부의 물은 온도가 점점 낮아지게 되는데 온도가 낮아진 물은 대류현상을 통해 서서히 하부 배관을 통해 열교환기로 회수되어서 다시 데워지고 상부 배관을 통해 뜨거운 물이 그룹 헤드로 유입됩니다. 그래서 그룹 헤드의 온도를 유지할 수 있게 해 줍니다. 그리고 추출 버튼을 누릅니다.

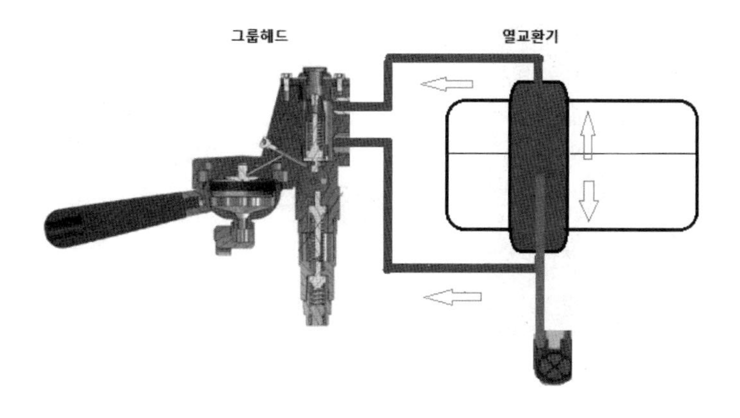

플로우 메타를 통해 찬물이 열교환기로 분사관을 통해 들어가게 되는데 분사관이 열교환기 중앙까지 올라와 있는 이유는 물이 내부에서부터 팽창하게 해 주고 유입된 물이 단면적을 넓혀 온도가 빨리 회복될 수 있게 해 주기 위해서입니다. 이렇게 분사관을 통해 유입된 물은 열교환기 내부의 뜨거운 추출 수를 상/하부 배관으로 밀어내고 밀려난 추출 수는 그룹 헤드로 전달됩니다.

그룹 헤드는 하나의 장치이지만 내부에는 여러 부품들이 들어 있습니다. 이 부품들의 역할을 하나 살펴보겠습니다.

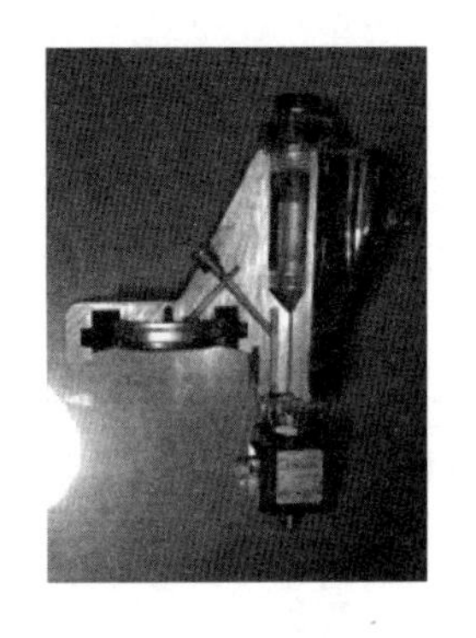

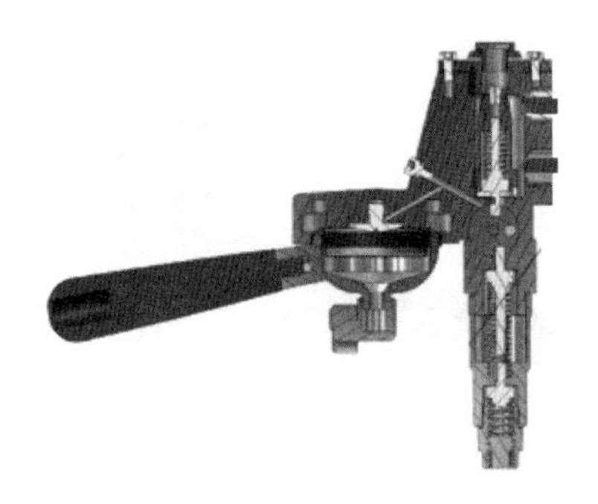

그룹 헤드 중 가장 대표적인 E61 타입의 단면을 자른 사진과 이해를 돕기 위한 그림입니다. E61 타입의 그룹 헤드 상단부에는 버섯 모양의 '머쉬룸'이라는 부품이 있는데 열교환기로부터 유입된 물은 머쉬룸 외부 상단의 4개의 바늘구멍 크기의 작은 구멍을 통해 상단으로 물을 올려 주고 망을 통과한 물은 단 하나의 작은 구멍을 가진 '지클러'를 통해서 머쉬룸 내부 공간으로 유입됩니다.

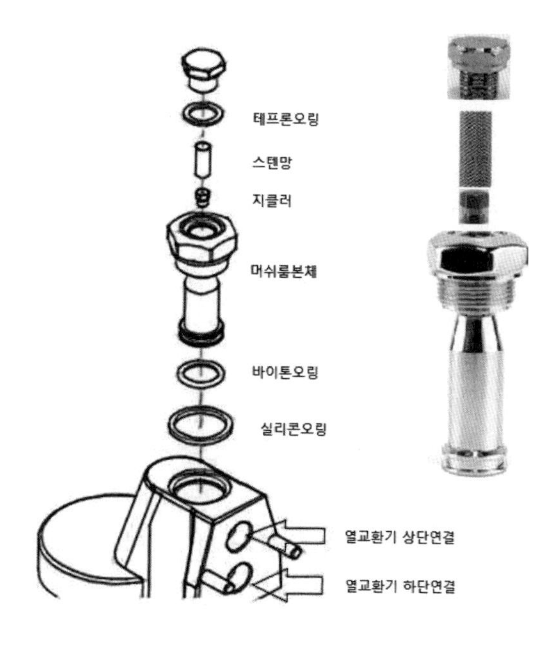

지클러는 머쉬룸 본체 안에 있으며 나머지 부분을 머쉬룸이라고 총칭할 수 있습니다.

지클러를 통과한 물은 3웨이 솔레노이드밸브를 만나게 됩니다. 추출 버튼을 누르면 솔레노이드밸브 코일이 전자석 힘으로 내부에 있는 마개 역할의 '플런저'를 밑으로 내려 입구 구멍(인입구/Inlet Port)을 열어 주고 솔레노이드밸브 안으로 들어온 물은 디퓨저와 샤워 스크린이 있는 쪽(토출구/Outlet Port)으로 흐르게 되어 커피 추출이 이뤄지게 됩니다. 마지막으로 커피 추출이 끝난 후에는 플런저를 상단으로 올려서 인입구를 막고 하단의 퇴수구(Back Pressure Outlet Port)를 개방하여 헤드에 있는 압력과 물을 배출해 주게 됩니다. 즉, 9bar의 강한 압력으로 추출 후에는 퇴수구로 잔여 압력을 배출하여 안정된 상태로 만들어 주게 되는 것입니다.

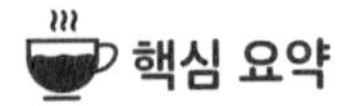

핵심 요약

물뿐 아니라 커피 추출이 이뤄지는 부분이다 보니 가장 많은 문제가 일어나는 곳입니다. 실제 현장에서 수리해야 할 부분은 그룹 헤드의 머쉬룸의 물 유입구 4개와 지클러에 있는 작은 구멍 1개 그리고 솔레노이드밸브 3개의 구멍 막힘이 스케일 등에 의해 일어나고 플런저가 커피 찌꺼기 등에 오염되는 경우가 많기에 세척 작업이 빈번하게 이뤄집니다.

제3일 차

운영자가 직접 하는 소모품 교체 및 점검 품목, 엔지니어 주요 수리품목

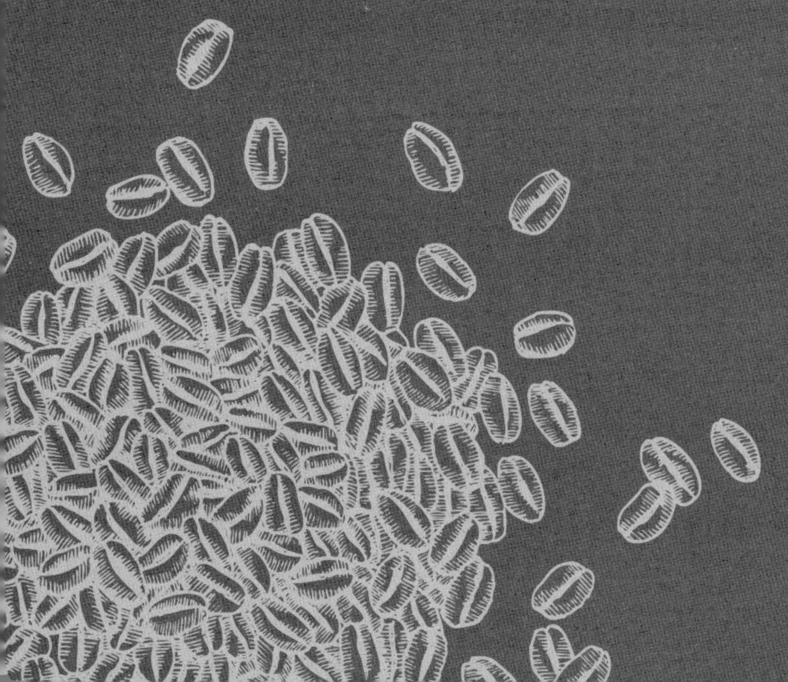

1. 소모품 교체

모든 부품은 소모품입니다. 일정한 시간이 지나거나 사용량이 많거나 어느 한쪽이 먼저 도달하면 교체해 주어야 합니다. 닳아서 못 쓰게 되기 전까진 청소를 깨끗하게 해 줘야 합니다. 그래야 커피 본연의 맛이 나옵니다. 이번 장에서는 일반적인 청소 및 점검 요령 및 교체 방법을 알아보겠습니다. 카페 운영자가 최소한 샤워 스크린, 개스킷, 포터 필터 스프링 교체 그리고 디퓨저 청소는 해 주셔야 합니다.

1-1. 샤워 스크린과 개스킷

샤워 스크린은 매일 빼서 청소하는 게 원칙입니다. 세척을 하지 않고 커피 찌꺼기가 쌓인 상태로 커피를 내리면 텁텁한 맛이 납니다. 샤워 스크린은 일체형과 분리형이 있는데 분리형의 경우 중앙의 나사를 드라이버로 돌려 수월하게 꺼내지만 일체형의 경우 샤워 스크린 끝부분의 굴곡진 부분을 샷 잔이나 숟가락, 일자 드라이버 등을 이용해서 뽑아 주어야 합니다. 또는 시중에서 판매 중인 샤워 스크린 오프너를 사용하시면 편리합니다.

일체형의 경우 샤워 스크린과 같이 개스킷이 빠지기 때문에 점검과 청소가 용이하지만 분리형인 경우 개스킷을 빼기가 쉽지 않습니다. 분리형 개스킷이 경우 개스킷을 드라이버, 송곳 등으로 빼내어야 해서 빼기도 어렵고 빼는 과정에서 손상이 있을 수 있습니다. 그런 이유로 고무보다는 내구성이나 위생적으로 유리한 실리콘 개스킷 사용을 권하기도 합니다.

가장 많이 쓰이는 개스킷 사이즈는 E61 그룹 헤드 사이즈인데 내경이 57mm, 외경이 73mm이고 두께가 8mm 또는 8.5mm 사이즈가 일반적입니다. 보유 중인 머신의 개스킷 사이즈 확인 후 구매하여 최소 3개월에 한 번은 바꿔 주셔야 합니다. 개스킷이 오래되면 경화되어 개스킷의 기본기능인 밀봉 기능이 떨어지게 되어 포터 필터에 담긴 원두가 추출 중 밖으로 새어 나가 커피 맛이 저하되며, 굳은 개스킷은 그룹 헤드에서 분리조차 어려워집니다.

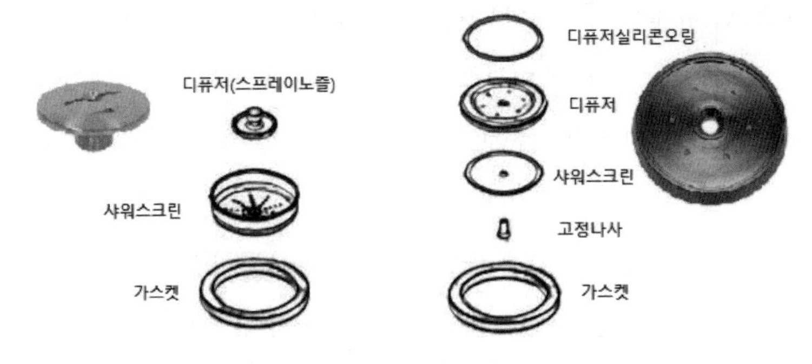

일체형 샤워스크린 구조와 분리형 샤워스크린

디퓨저(스프레이노즐) 형태가 다를 뿐 같은 기능을 합니다.

1-2. 포터 필터 스프링

커피를 내린 후 찌꺼기를 넉 박스에 탕탕 치며 버리다 보면 한 순간 포터 필터 안에 있던 바스켓이 빠지게 되는데 이것은 포터 필터 내부에서 바스켓을 잡아 주는 스프링이 닳았기 때문이고 교체해 주어야 합니다. 스프링 굵기 사이즈는 1.2mm, 1.4mm 등이 있는데 일반적으로 1.2mm가 많이 쓰입니다. 매뉴얼 확인이 필요합니다.

교체 방법은 바스켓을 빼고 안에 있는 스프링을 제거 후 새 걸로 바꿔 주면 됩니다.

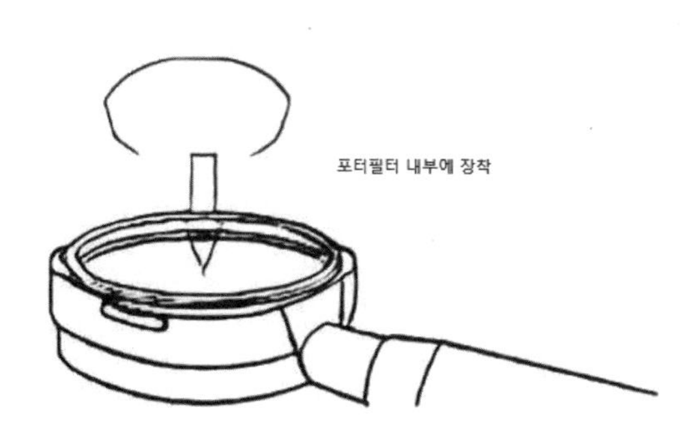

1-3. 디퓨저(스프레이노즐)

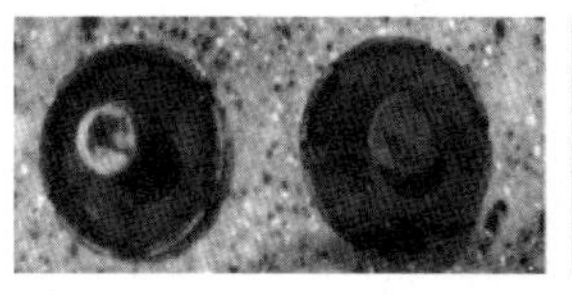

샤워 스크린을 통해 물을 원두에 뿌려 주기 전에 물을 분배하는 부품이 디퓨저(스프레이노즐)입니다. 이 부품은 커피 찌꺼기나 스케일에 의해 오염되는데 이런 경우 커피에서 텁텁한 맛이 나게 됩니다. 2주일에 한 번 정도는 분해해서 청소해 주는 것이 커피 맛을 유지하는 비결입니다. 디퓨저는 동으로 만들어져 있으니 같은 소재인 동(銅) 솔로 살살 문지르면 쉽게 청소할 수 있습니다.

2. 주기적인 점검 사항과 유지보수 일정

카페를 운영하면서 머신, 그라인더, 탬핑기, 제빙기 등의 청소는 필수입니다. 제때에 청소를 해 줘야 커피 맛 유지 및 성능 유지를 할 수 있습니다. 체크리스트를 만들어서 이용한다면 카페 운영에 많은 도움이 될 것입니다. (예: 오픈 오전 8시, 마감 오후 10시)

07시 45분	머신 압력/수압 체크	매주 토요일	그라인더/탬핑기 청소
11시 15분	탬핑기/그라인더 청소	매월 마지막 금요일	제빙기 청소
14시 45분	제빙기 청소(정리)	4월 8월 12월 1일	정수필터 교체
18시 15분	냉장고 정리 정돈	매년 2월	커피머신 청소(스케일)
21시 45분	마감 청소	매년 2월	그라인더 날 교체

3. 그룹 헤드 분해 청소

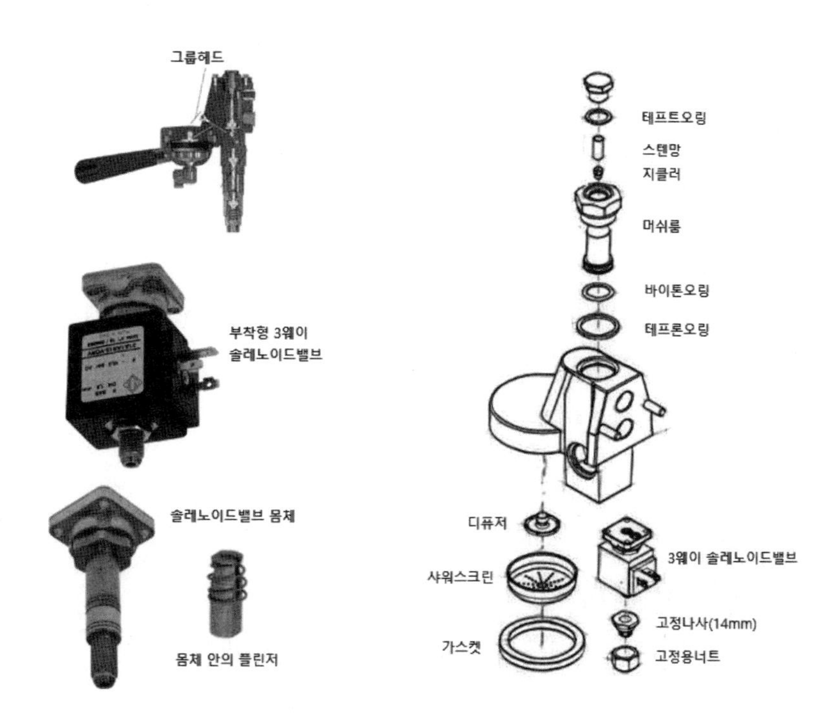
그룹헤드
부착형 3웨이
솔레노이드밸브
솔레노이드밸브 몸체
몸체 안의 플린저
테프트오링
스텐망
지클러
머쉬룸
바이톤오링
테프론오링
디퓨저
샤워스크린
가스켓
3웨이 솔레노이드밸브
고정나사(14mm)
고정용너트

그룹 헤드는 가장 고장이 잦은 곳이고 고장의 원인이 대부분 스케일 문제라 청소를 하면 해결되기 때문에 총기처럼 분해 청소에 익숙해져야 합니다. 복잡해 보이지만 익숙해지기만 하면 단순한 구조라 겁낼 필요가 없습니다. 순서대로 정리해 보면

1) 머신 트레이를 들어내고 바닥에 천을 깔아서 사전 작업 준비를 한다.

2) 물을 잠그고 스팀을 빼 주고 전기를 차단한 후 10분 정도 기다려 준다.

3) 14번 스패너로 솔레노이드밸브 체결 너트를 풀어 준다.

4) 코일을 아래로 뽑아서 물기가 안 닿게 천으로 싸서 안쪽으로 넣어 둔다.

5) 22(ODE) 또는 24(Paker)mm 소켓렌치를 이용하여 솔레노이드밸브를 분해한다. 이때 뜨거운 물이 튈 수 있으니 주의하며 필요시 4mm 육각 렌치로 솔레노이드밸브 부착부의 육각 나사 4개(혹은 2개)를 분리하기도 하는데 재부착 시 상단 구멍 2개와 부착 면 구멍 2개를 정확히 맞춘다.

6) 분해한 밸브에서 플런저를 분리한다.

7) 22mm 소켓렌치를 이용하여 머쉬룸 볼트를 분해한다. 이때 솔레노이드밸브 연결 구멍으로 물이 나오니 사전에 컵을 받친다. 스텐망까지 같이 꺼낸다.

8) 36mm 소켓렌치를 이용하여 머쉬룸 본체를 분리한다. 이때 오링이 같이 분리된다.

9) 분리된 부품은 스케일 제거를 위해 스케일 제거제가 용해된 물에 담거서 스케일 제거한다. 머쉬룸이 담겼던 공간도 스케일 세척제 물을 주사기를 이용하여 흘려보내고 솔 등으로 세척한다.

10) 샤워 스크린, 개스킷을 분리한 후 세척한다.

11) 디퓨저를 반시계 방향으로 돌려서 분리한 후 그룹 헤드 안쪽을 브러시로 세척한다.

12) 모든 부품을 세척한 후 역순으로 조립한다.

 핵심 요약

걸레와 비커를 이용해서 세척 중에 약품이 여기저기 튀지 않도록 주의하고 세척 후에는 수동 버튼을 이용하여 1리터 이상 물을 빼 줍니다. 솔레노이드밸브와 몸체를 연결하는 부품은 액세서리 나사로 몽키스패너를 이용해서 분리합니다. 디퓨저(스프레이노즐)는 오랫동안 청소를 하지 않은 경우 잘 빠지지 않으나 10mm 일자 드라이버를 이용해서 빼 주시고 정확하게 나사산에 맞게 꽂고 상단으로 힘을 준 후 반시계 방향으로 돌려 주시면 쉽게 빠집니다.

4. 스팀 밸브 분해 청소

스팀 밸브 타입에 따라 여러 가지 형태가 있는데 대표적인 3가지 다른 형태의 분해 청소를 다루겠습니다.

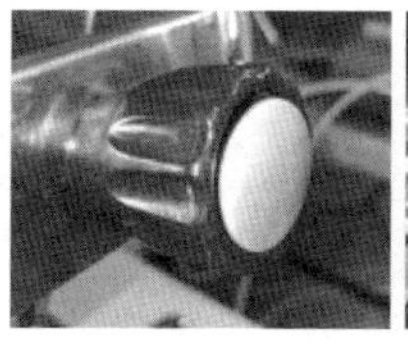
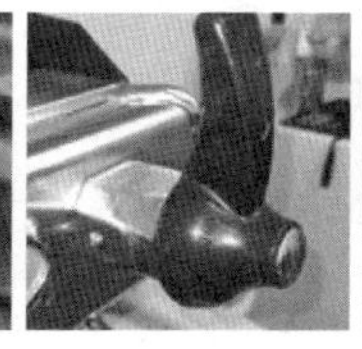
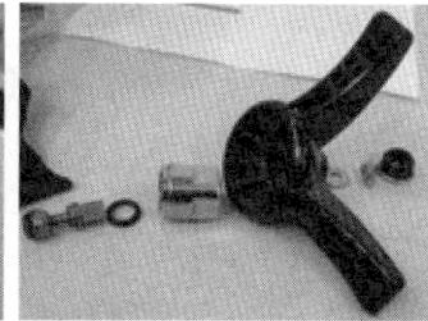

앞의 사진과 같이 가장 많이 쓰이는 원형(일명 동글이), 한 방향으로 당기는 일자형, 그리고 상, 하, 좌, 우 방향이 가능한 L자형이 대표적입니다.

4-1. 원형 스팀 밸브 분해 청소

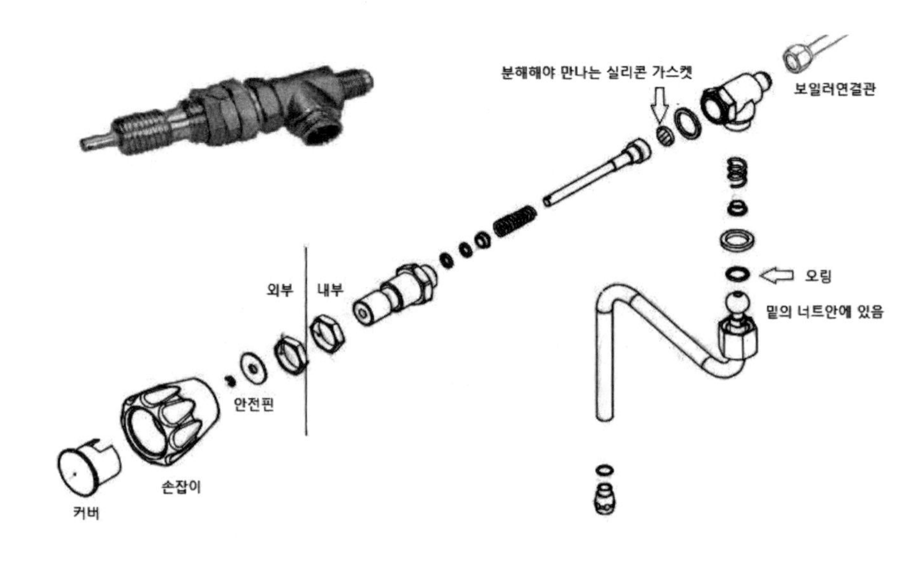

가장 많이 쓰이는 일반적인 형태로 수리가 비교적 수월합니다. 통상적인 고장형태는 스팀 뭉치와 스팀 봉 사이의 관절에서 물이 새는 경우와 스팀 봉 끝에서 스팀이나 물이 새어 나오는 경우입니다. 자세한 설명을 위해 분해도를 보면 앞의 그림과 같습니다.

첫 번째 경우에는 관절 너트 안에 있는 오링이 닳았거나 스팀 봉과 너트의 마찰로 너트가 닳은 경우이고 두 번째 경우는 스팀 밸브 안의 개스킷이 마모된 경우입니다. 수리를 위해선 분해를 해야 하는데 그 순서를 정리하면

1) 안전한 작업을 위해 물을 잠그고 스팀을 배출하고 전기를 차단합니다.
2) 커버를 드라이버를 이용하여 분리하고 안전핀을 제거합니다.
3) 커피머신 상판을 분리 후 스팀 뭉치를 그립 플라이어나 몽키스패너로 잡고 보일러 연결관의 너트를 스패너를 이용하여 반시계 방향으로 풀어서 분리합니다. 스팀 뭉치 전면의 두개의 너트는 머신 내외부에 하나씩 위치하여 고정 나사 역할을 하는데 외부 너트를 풀고 스팀 완드 전체를 밖으로 빼냅니다.

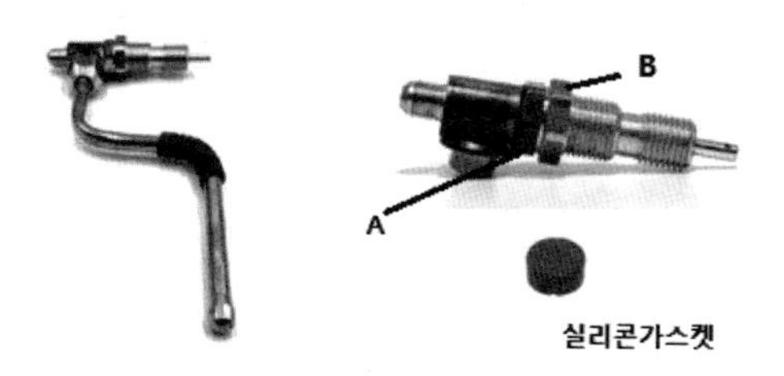

4) 스팀 관절에서 물이 새면 꺼낸 스팀 완드(스팀 봉)를 그립 플라이어로 잡고 오링이 들어 있는 너트를 풀어서 너트 안에 있는 오링을 송곳으로 꺼내고 새것으로 교체해 줍니다.

5) 스팀 봉 끝단에서 물이 떨어지거나 스팀이 나오면 내부 개스킷을 교체하여야 하기 때문에 스팀 뭉치 A와 B를 2개의 스패너를 이용하여 분리합니다. 분리 후에 개스킷을 제거하고 새것으로 교체합니다.

6) 조립은 역순으로 진행합니다.

핵심 요약

A와 B 너트를 풀 때 쉽게 푸는 법은 상/하로 스패너를 교차하고 상단 스패너를 좌측에 위치하고 두 스패너의 간격을 30도 정도로 유지하면서 상호 마주 보게 힘을 주면 한 손으로도 쉽게 풀립니다. 조립 시 나사산의 위치가 다르면 물이 새거나 스팀이 샐 수 있기에 분해 전에 반드시 나사산을 중심으로 사진을 찍어 두셔야 합니다.

4-2. 일자형 스팀 밸브 분해 청소

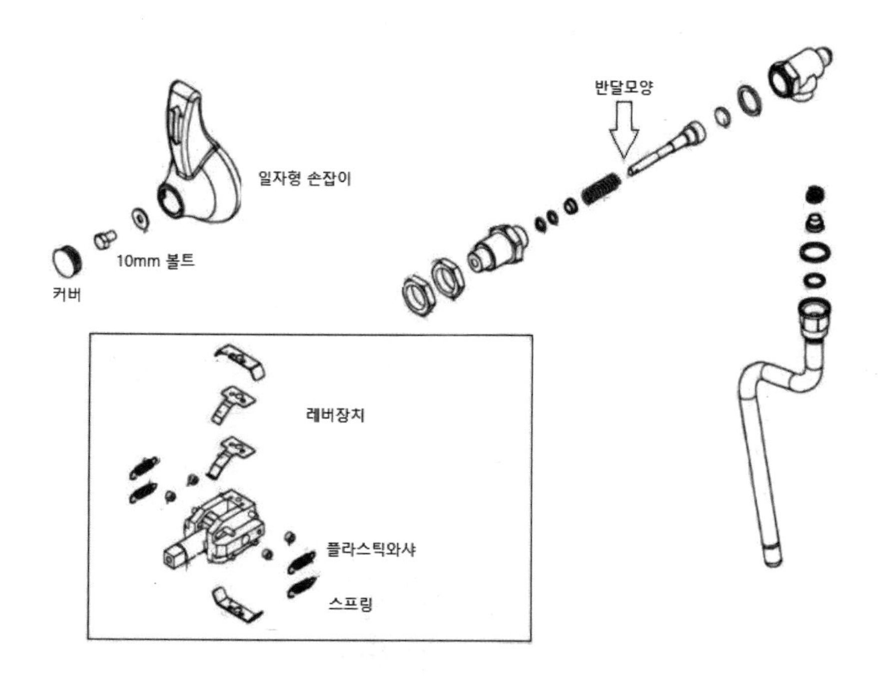

일자형 스팀기는 레버 장치만 다르기 때문에 그 부분을 정확히 이해해야 합니다. 앞의 설계도와 사진을 참조해서 분해 청소 절차를 진행하도록 하겠습니다.

1) 안전한 작업을 위해 물을 잠그고 스팀을 배출하고 전기를 차단합니다.

2) 손잡이 커버를 드라이버를 이용하여 분리하고 볼트를 10mm 소켓을 이용하여 분리합니다.

3) 3.5mm 육각 렌치를 이용하여 커버 양옆 나사를 분리하여 커버를 열어 줍니다.

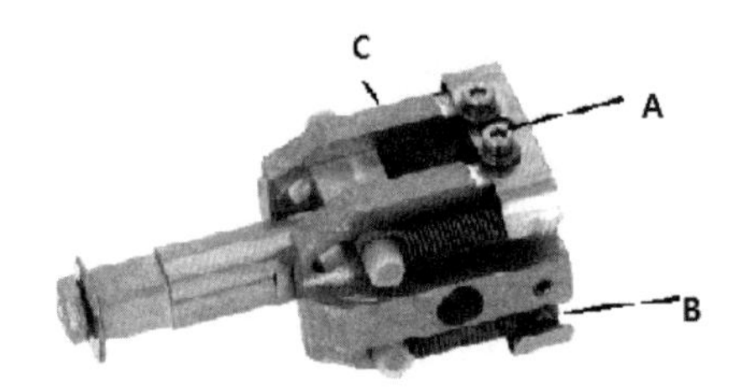

4) 3.5mm 육각 렌치를 이용하여 A와 B의 고정 나사를 풀어 주고 C 구멍을 통해 안쪽의 나사를 분리하고 사진 속 레버 장치를 분리합니다.

5) 나머지 절차는 원형 스팀기와 동일합니다.

6) 재조립 시 A와 B 나사는 송곳 형태로 스팀 밸브 뭉치와 레버 장치를 고정하는 역할을 하기 때문에 단단히 조여야 합니다.

7) 작업 후 조립은 역순이며 C 나사를 장착 시 육각 렌치에 자성을 가지게 한 후 조립하면 수월하게 할 수 있습니다.

핵심 요약

위 작업 시 공구의 질이 매우 중요합니다. 3.5mm 육각 렌치가 마모되었거나 육각 나사가 마모되면 작업이 매우 어렵습니다. C 구멍의 나사를 조립 시 3.5mm 볼 렌치를 사용하면 수월합니다.

4-3. L자형 스팀 밸브 분해 청소

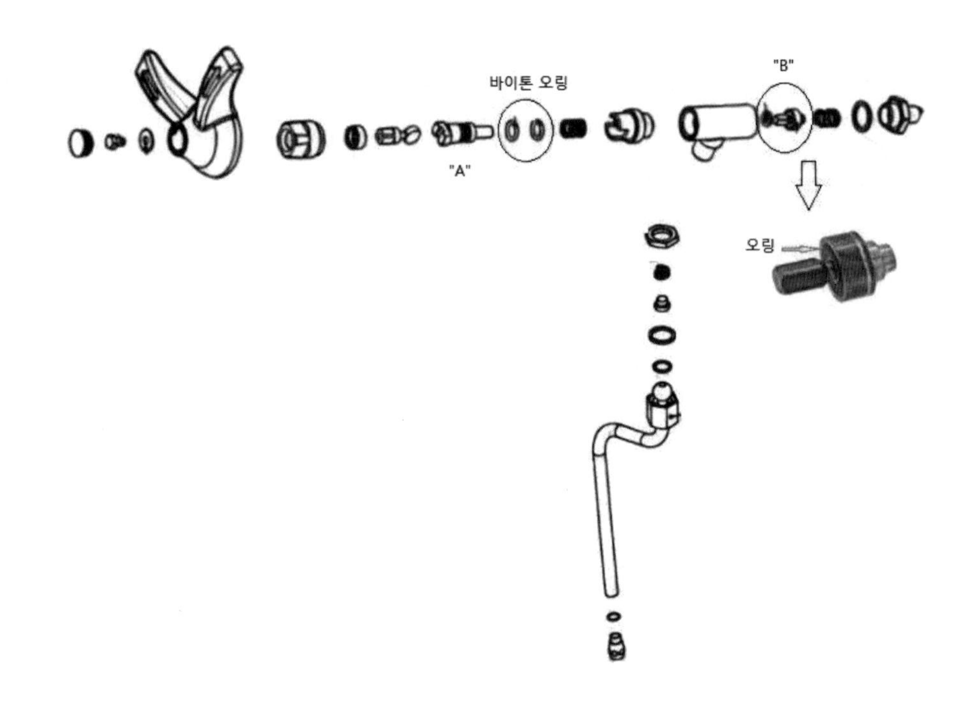

L자형 스팀 밸브의 장점은 없습니다. 단점은 부품이 많고 스팀 레버를 상, 하, 좌, 우로 사용하다 보니 고장이 잦습니다. 분해 방법은 동일하고 특이한 점은 그림을 보면 부품 'B' 분리된 듯 보이지만 실제로는 사진처럼 하나의 부품입니다.

그 외 바이톤 오링 두 개는 'A' 부품에 결합되는 형태이며 재조립 시에는 충분하게 식용 구리스를 사용해 주셔야 합니다.

스팀기 내부에 사용되는 오링은 일반 고무 재질이 아닌 고온에도 견딜 수 있는 강도가 높은 실리콘이나 바이톤 재질의 오링 사용을 권장합니다.

5. 온수 밸브 분해 청소

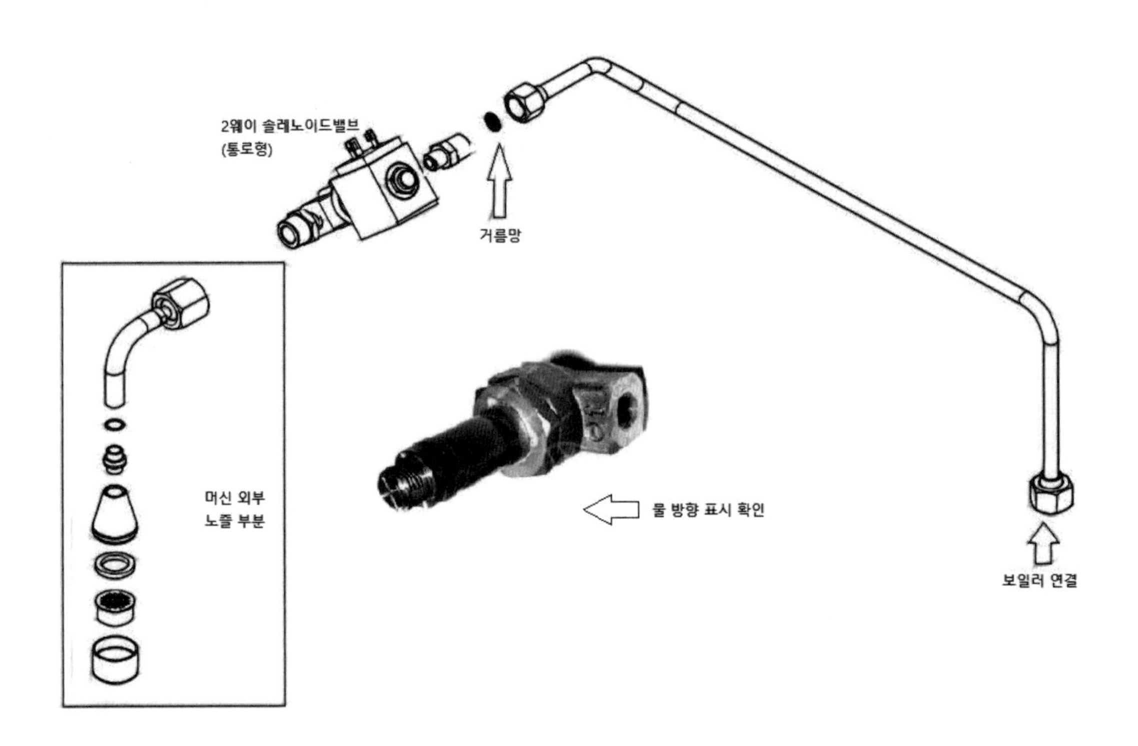

온수 밸브는 비교적 간단한 구조를 가지고 있습니다. 보일러 내부의 기압이 2기압이고 외부는 1기압이기 때문에 단순하게 밸브를 열어서 온수를 사용하기도 하지만 보통은 2웨이 솔레노이드밸브가 장착된 형태로 키패드를 이용하여 온수를 추출합니다.

기본적인 2웨이 솔레노이드밸브가 달린 형태의 온수 밸브 분해를 알아보겠습니다.

보일러와 바로 연결된 관을 통해 120℃ 뜨거운 물이 나오고 2웨이 솔레노이드밸브로 키패드의 명령을 수행합니다.

온수 밸브의 문제는 보일러 내부의 이물질이나 스케일이 관을 막아서 온수가 나오지 않게 되는 경우입니다.

1) 안전한 작업을 위해 물을 잠그고 스팀을 배출하고 전기를 차단합니다.

2) 첫 번째로 밖으로 노출되어 있는 부품을 분해하여 청소합니다.

3) 두 번째는 솔레노이드밸브를 분해합니다. 솔레노이드밸브가 막혔을 경우에도 온수가 나오지 않습니다. 분해 순서는 코일을 분리하고 22mm 소켓으로 밸브 뭉치를 분리한 후에 보일러 연결관을 분리하는 게 유리합니다. 솔레노이드밸브 안쪽에 필터가 있고 그 부분에 이물질이 있다면 물은 흐르지 않습니다.

4) 만약 믹스 밸브가 달려 있는 경우(분배기로부터 보일러 연결관에 찬물 연결) 찬물이 보일러로 들어가는 것을 방지하기 위해 역류방지밸브가 보일러 연결관에 붙어 있습니다.

역류방지밸브에도 필터가 있어서 막혔을 경우에는 밸브를 분리한 후에 다시 분해하여 청소를 하여야 합니다.

5) 마지막, 최악의 경우인데 보일러와 연결된 관에 스케일이 끼였을 경우입니다. 이 경우에는 보일러의 물을 모두 빼고 관을 분리하여 스케일을 제거하는 경우로 장시간 사용하지 않은 머신에서 종종 일어나는 증상입니다.

핵심 요약

온수를 영업 중에 자주 사용하면 보일러 내부 온도가 떨어져서 추출 수 온도도 떨어지게 되어 커피 맛에 영향을 줍니다. 그런 이유로 영업을 하지 않는 시간에 물을 빼 주고, 새 물로 채우면 보일러 내부에 이물질 형성을 방지할 수 있습니다. 제작사의 권고 사항은 최소 1주일에 한 번 보일러 내부의 물을 교체해 주는 것을 권장합니다.

제4일 차

머신 주요 고장 증상 및 커피머신 프로그래밍

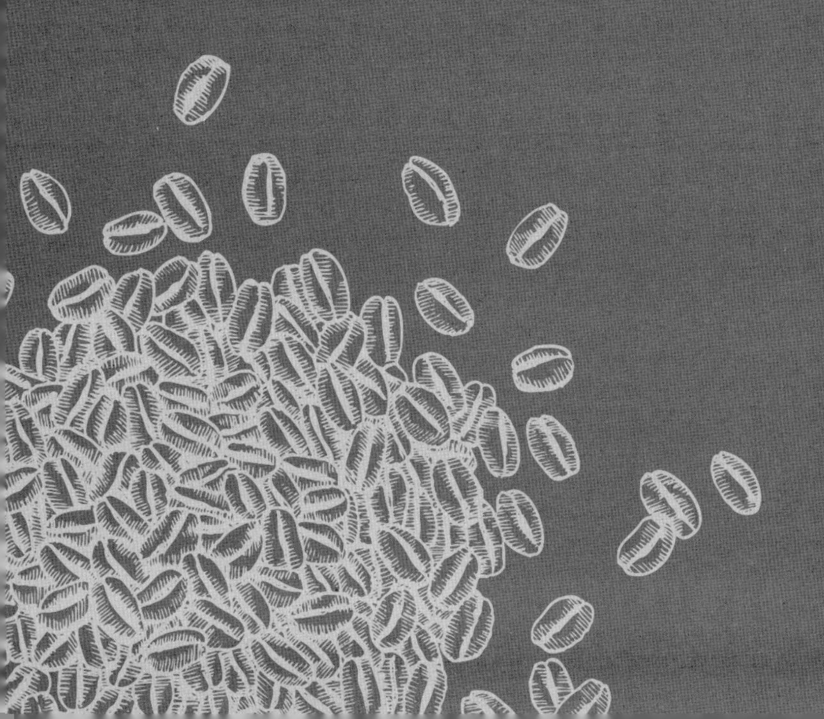

1. 자주 발생하는 머신 고장 증상과 조치 사항

커피머신의 대표적인 10가지 고장 증상을 알아보고 그에 따른 조치 사항을 알아보겠습니다.

모든 수리에 앞서 물, 전기, 스팀에 대한 안전 사항 우선 조치 후 실시하는 것이 원칙입니다.

Q1) 추출 수 100ml 기준 12초가 넘어간다.

A) 그룹 헤드에 스케일이 낀 경우로 그룹 헤드 청소를 합니다. 그룹 헤드뿐 아니라 3웨이 솔레노이드밸브까지 청소를 해야 합니다.

Q2) 스팀 봉에서 물이 떨어진다, 혹은 밸브에서 물이 떨어진다.

A) 스팀 봉에서 물이 떨어지거나 스팀이 새는 경우는 스팀기 내부 개스킷이 마모된 상태이므로 분해 후 개스킷 교체를 하고, 밸브에서 물이 새는 경우는 밸브 손상이나 밸브 내 오링의 마모된 상태로 분해 후 교체합니다.

Q3) 에스프레소 추출 시간이 짧아졌다.

A) 추출 시간 문제는 기본적으로 원두량이 적거나 원두 분쇄도가 굵은 경우이지만 가장 흔한 경우는 추출을 너무 빠르게 양쪽으로 진행하여 열교환기 온도가 올라갈 시간을 주지 않아 추출 수 온도가 떨어진 경우이고 이때는 잠시 기다려 온도 상승 후에 재추출을 하면 됩니다.

Q4) 온수 밸브에서 물 반 스팀 반, 혹은 물이 안 나온다.

A) 보일러 수위가 낮은 경우로 수위 감지봉을 1cm 정도 올려서 수위를 높여 줍니다.
스팀기에서 물이 나오는 경우는 수위가 너무 높아진 경우로 수위 감지기가 스케일로 감지를 못 하는 경우이기 때문에 수위 감지기를 분리하여 청소 후 재조립합니다.

Q5) 수압이 6bar 이상으로 높다.

A) 수압이 지나치게 높은 경우는 건물의 수압이 원래 높거나 혹은 낮아서 싱크대에 펌프를 설치한 경우로 커피머신 전용 감압밸브를 수도와 필터 사이에 설치해 주면 3~4bar로 안정되게 작동합니다. 수압이 높으면 머신의 임펠라 펌프의 고장 원인이 됩니다.

감압밸브 설치 시 주의할 점은 반드시 수도와 필터 사이에 설치하여야 합니다.

Q6) 보일러 압력이 0.8bar 이하이다.

A) 보일러 압력이 낮다는 것은 보일러 온도가 낮아졌다는 것이고 이것은 열교환기의 온도가 떨어지는 결과로 추출 수의 온도가 떨어지는 결과가 나옵니다. 스팀 압력스위치를 조절하여 보일러 압력을 높여 주는 게 첫 번째 방법입니다.

스팀을 많이 쓰거나 온수를 많이 쓰는 경우에도 일시적으로 발생하지만 그 외 다른 이유로는 진공방지기의 오링이 마모되어 스팀이 지속적으로 새는 경우로, 공기 빠지는 소리가 지속적으로 들린다면 진공방지기 오링을 교체해 주어야 합니다.

Q7) 커피에서 탄 맛(잡맛)이 난다.

A) 원두 자체가 탄 맛이 나는 경우도 있지만 그룹 헤드 개스킷과 샤워 스크린 청소를 열심히 하였다면 디퓨저의 문제로 분리하여 동 솔로 깨끗하게 청소 후 다시 꽂아 주시면 됩니다.

Q8) 보일러 수위 게이지가 Max 이상이다.

A) 보일러 안에 물이 꽉 찬 상태로 만수 증상입니다. 스팀에서 물이 나오는 증상이 일어납니다. 우선 확인할 것은 수위 감지기를 풀어서 감지봉의 스케일 유무입니다. 스케일이 생겨 수위 감지를 못 한 것이라면 간단하게 감지봉 청소로 마무리되겠지만 다른 이유로는 분배기에 있는 급수용 2웨이 솔레노이드밸브의 플런저의 마모로 물이 수압에 의해 조금씩 보일러 안으로 유입되는 경우도 있습니다. 정말 흔치 않은 경우로는 믹싱 밸브 플런저가 마모되고 온수 역류방지밸브도 같이 마모된 경우입니다. 마지막으로 분배기에 강제 급수 밸브가 있는데 그것을 조여 준 경우에도 보일러 만수 증상이 일어납니다. 순서대로 체크하면서 조치하시면 됩니다.

Q9) 보일러 온도가 올라가지 않는다.

A) 보일러 온도가 올라가지 않는 경우는 히터가 작동하지 않는다는 것이고 히터 내의 코일이 터지는 경우도 있을 수 있지만 대부분의 경우에는 과열(155℃)을 감지한 과열 방지기가 작동하여 히터가 작동을 멈춘 경우로 과열 이유(보일러 내부에 물이 없는 상태에서 히터가 작동되었거나 보일러 압력조절기에 스케일 등의 문제로 오작동)를 해소 후에 과열 방지기의 리셋 버튼을 눌러 주면 재작동됩니다. (검정 버튼 2개가 리셋 버튼입니다.)

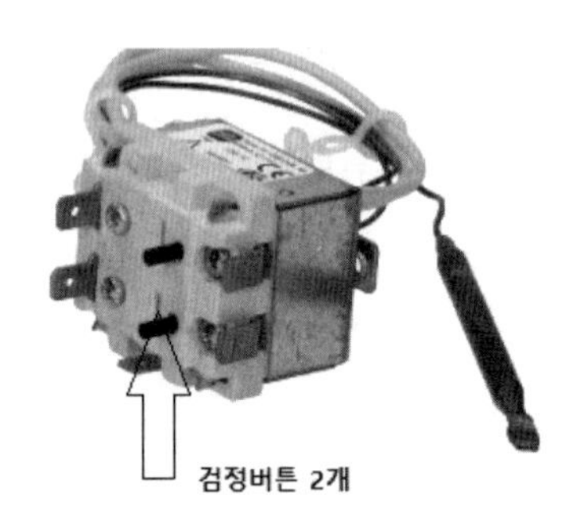

Q10) 펌프가 작동하지 않는다.

A) 펌프가 작동하지 않는 경우에는 모터나 펌프의 고장이기보다 부착된 콘덴서의 문제일 경우가 많습니다. 콘덴서의 용량을 확인하고 잔량이 80% 이하라면 교체할 것을 권장합니다. 펌프도 영구적인 것이 아닌 소모품이기에 콘덴서 교체 후에도 문제가 계속된다면 펌프 자체를 교체하여야 합니다.

2. 밸브 오링 교체

커피머신에는 다양한 밸브가 있고 물 흐름을 제어하는 게 기본인 기계이다 보니 많은 오링이 들어가 있습니다. 밸브의 고장의 대부분이 오링의 마모이기에 오링 교체만 해 줘도 대부분 문제가 해결됩니다. 오링과 개스킷이 대한 내용만으로 책을 쓸 정도로 방대하기에 커피머신에 주로 쓰이는 오링과 개스킷 위주로 설명해 드리겠습니다.

1) 오링과 개스킷은 둘 다 두 개의 부분 사이에서 누설을 방지하고 밀봉을 유지하는 데 사용되는 밀봉 소재입니다. 오링은 고무링으로 회전 또는 움직이는 부품에서 누설을 방지하고 밀봉을 제공하는 데 사용되는 반면, 개스킷은 얇은 시트 또는 재료로 고정 부품에서 사용되며, 재료와 형태에서 차이가 있습니다.

커피머신에 쓰이는 오링은 사이즈와 재료 두 가지만 구별하시면 됩니다.

오링의 크기는 내경(ID)과 외경(OD) 및 단면 두께(Cross-sectional thickness)로 정의됩니다.

커피머신에 쓰이는 오링은 4가지 재료만 아시면 되는데 고무(NBR), 바이톤(FKM), 실리콘(VMQ), 그리고 테프론(PTFE) 오링입니다. 영어 약어 등은 사이즈와 재료를 찾을 때 필요합니다.

커피머신 모델과 부품의 다양성 때문에 오링과 개스킷의 정확한 사이즈 및 종류를 확인하려면 해당 모델의 사용자 매뉴얼 또는 부품 명세서를 참조하거나, 커피머신 제조업체나 부품 공급업체에 문의하여 사양을 확인하는 것이 좋습니다.

2) 개스킷은 대부분 부품처럼 판매가 되고 있는 반면에 오링을 구매하려다 보면 너무 많은 사이즈가 있습니다. 크게 AN, P, G, V 시리즈는 오링(O-Ring)의 크기 및 표준을 구분하는 데 사용되는 여러 가지 국제표준 중 하나입니다. 이러한 시리즈는 오링의 크기와 특성을 나타내는 데 사용되며, 다양한 응용 분야와 장비에 맞게 선택할 수 있습니다. 아래에서 P, G, V 시리즈 오링의 주요 차이점과 구분법에 대해 설명하겠습니다.

2-1. AN 시리즈 오링(AN Series O-Rings)

미항공우주국 표준 규격(AS568A)으로 인치(inch) 사이즈를 사용하는 실리콘 소재의 오링입니다.

내경(ID)과 오링의 두께(CS) 별로 8개 정도의 범주를 두고 있습니다.

실리콘의 특성상 내열 내화학성이 있지만, 그 경도에 따라 120℃ 이상의 커피머신에 사용 시 부위에 따라 1년 이내로 오링이 사라지는 현상을 볼 수 있습니다.

2-2. P 시리즈 오링(P Series O-Rings)

P 시리즈 오링은 일본에서 제시한 JIS B2401 규격 중 한 가지로 mm 기반의 규격 체계입니다.

내경(ID)과 두께(CS) 사이즈를 기준으로 5가지 두께의 범주에서 정의됩니다.

예를 들어, P100 오링은 내경(ID)이 99.6mm, 두께(CS)가 5.7mm인 오링을 나타냅니다.

P 시리즈 오링은 주로 기계 장비의 부착 면, 피스톤 부위 등 다양한 응용 분야에서 사용됩니다.

2-3. G 시리즈 오링(G Series O-Rings)

G 시리즈 오링은 P 시리즈 오링과 같이 JIS B2401 규격에 따른 체계입니다.

내경(ID)과 단면 두께(CS)를 기준으로 두께 3.1mm와 5.7mm 두 가지 사이즈로 정의되며, 두께 3.1mm의 GS 시리즈가 파생되어 있습니다.

예를 들어, G25 오링은 내경(ID)이 24.4mm, 단면 두께(CS)가 3.1mm인 오링을 나타냅니다.

G 시리즈 오링은 기계 장비의 평면 고정을 위해 사용되며, 배관 등의 밀폐에 주로 사용됩니다.

2-4. V 시리즈 오링(V Series O-Rings)

V 시리즈 오링은 P, G 시리즈 오링과 함께 일본에서 제시한 JIS B2401 규격을 따른 체계입니다.

내경(ID)과 단면 두께(CS)를 기준 두께 4.0mm, 6.0mm, 10.0mm의 세 가지 사이즈로 정의됩니다.

예를 들어, V10 오링은 내경(ID)이 9.5mm, 단면 두께(CS)가 4.0mm인 오링을 나타냅니다.

V 시리즈 오링은 주로 진공 팰렌지용으로 많이 사용합니다.

오링의 경우 제조 시 발생하는 오차 범위(±)가 있으므로 절대적인 숫자가 아닐 수 있습니다.

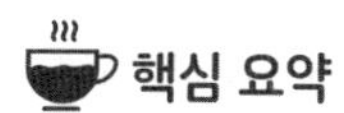

핵심 요약

모든 사이즈와 재질에 맞는 오링을 구비할 수는 없지만 열에 강한 재질인 바이톤 재질로 커피머신에 자주 쓰이는 6~15mm 규격의 오링 세트를 구비하고 있으면 급할 때 요긴하게 사용할 수 있습니다.

3. 키패드 청소 및 교체

키패드 혹 키보드로 부르는 명령 버튼은 운영자가 전원스위치를 제외하고 직접적으로 커피머신에 명령을 내리는 중요한 도구입니다. 머신의 상태를 표시해 주는 디스플레이 화면과 다르게 손으로 계속 누르다 보니 고장이 생깁니다. 키패드는 메인보드에 연결되어 저장된 기억을 통해 플로우 메타 및 솔레노이드밸브를 조작하여 운영자가 원하는 기능을 수행합니다. 보통 6개의 버튼으로 구성되어 있으며 최초 생산된 기본기능을 운영자가 프로그래밍 변경을 통해서 원하는 기능을 수행하게 할 수 있습니다. 버튼 형식은 푸시형과 터치형이 있는데 대부분 푸시-버튼을 사용하고 있습니다. 대표적인 제작사는 이태리 GICAR 사입니다. 비슷한 모양이라도 부품번호가 다를 수 있으니 교체 시 반드시 확인하여야 합니다.

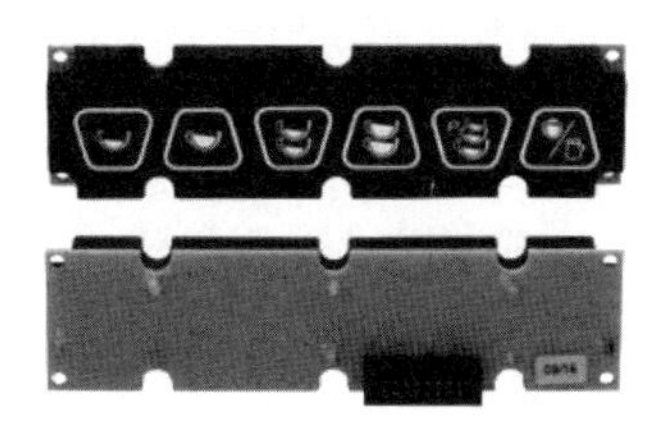

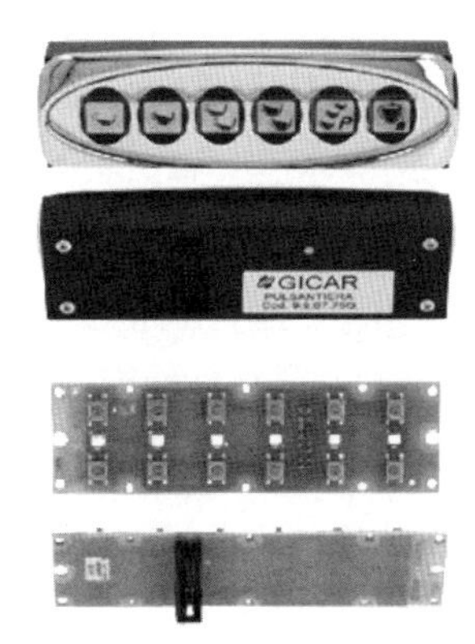

위의 2종류의 키패드는 가장 대표적인 푸시 버튼형 키패드입니다. 구성은 일반적으로 버튼과 전자회로 그리고 케이스로 나눠 볼 수 있습니다.

작업 전에 반드시 전원을 차단하고 교체 작업이나 수리를 진행하여야 합니다.

1) 우선 메인보드와 키패드를 연결하는 연결 포트를 분리합니다.

2) 후면 혹은 전면에 위치한 나사 4개를 분리하여 머신 본체와 키패드를 분리합니다.

3) 좌측의 키패드처럼 실리콘으로 연결된 부분은 조심해서 앞뒤로 분리합니다. (조립 시에는 핀셋을 이용해서 조립합니다.)

4) 전자회로 부분과 버튼 부위에 스프레이 형태의 전기 전자 접점 세정제를 충분히 뿌려 줍니다. (시중에서 1만 원 정도에 구매할 수 있습니다.)

5) 조립은 역순으로 진행하고 테스트 진행을 해 본 후 불량 시에는 새것으로 교체합니다.

터치형의 경우에는 연결 포트가 2개인데 하나는 푸시 버튼형과 같은 역할을 하는 것이고 다른 하나(작은 포트)는 핸드폰처럼 액정에 신호를 주는 역할을 합니다. 그 외 다른 부분은 동일합니다.

4. 커피머신 프로그래밍

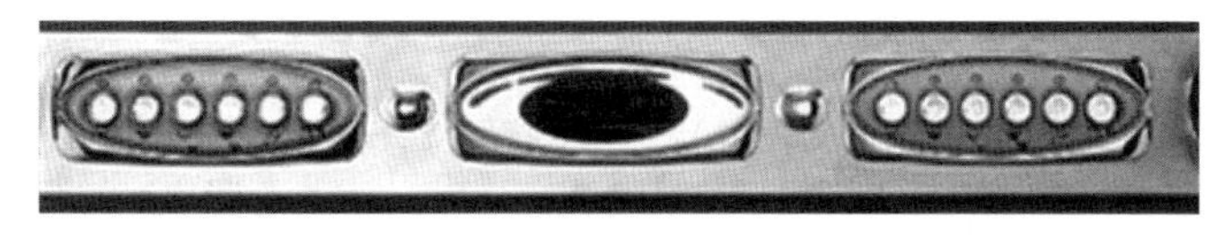

마스터 키패드 디스플레이 슬레이브 키패드

커피머신 사용 중 에스프레소 양을 조절하거나 설정을 변경하고자 할 때 사용하며 영문으로 쓰여 있기에 내용을 알고 정확히 세팅하여야 합니다.

사전에 알아야 할 것은 각 버튼의 이름과 ON, OFF 모드에 들어가는 방법입니다. ON 모드는 평소 사용하던 상태이고 OFF 모드는 슬립(Sleep) 혹은 에코(Eco) 상태인데 보일러 온도 변화에 즉각 반응하지 않고 절전 모드라고 이해하시면 됩니다.

키패드 버튼은 통상 6개로 이루어져 있고 각 명칭은 앞의 그림을 보시면 이해하기 쉬운데 1번-에스프레소, 2번-

커피, 3번-2 에스프레소, 4번-2 커피, 5번- 3 커피 또는 연속(Continue), 6번-온수(Tea로 표기) 버튼입니다.

OFF 모드는 통상 퇴근 전에 많이 사용하는데 이것은 비영업시간에 보일러 작동을 줄여서 절전하기 위한 방법이고 히터의 수명을 늘리고 위해서도 꼭 해 주는 게 좋으며 방법은 머신마다 차이는 있지만 5번, 3번 버튼을 동시에 누르면 진입하고 아침에 출근 시에 3번 버튼을 누르면 ON 상태로 들어가면서 해제됩니다. (절전 Eco. 기능이 없는 모델도 있습니다.)

위 내용을 숙지하시고 머신의 프로그래밍을 알아보겠습니다.

우선 ON 상태에서 할 수 있는 것은 추출 수 양 조절과 시계 조정입니다.

1) 5번 버튼을 5초 이상 누릅니다.
2) Doses setting으로 진입하는 단계로 원래는 에스프레소 양을 원하는 만큼 추출하는 의미이지만 추출 수 양을 정하는 것으로 사용합니다.
3) 1번 버튼 50ml, 2번 버튼 60ml, 3번 버튼 100ml, 4번 버튼 110ml, 5번 버튼 200ml, 6번 버튼 330ml로 설정하고 싶다면 순서대로 Dose setting 모드에서 비커를 받치고 1번 버튼을 누르고 50ml 추출 수가 담기면 1번 버튼 다시 한번 누르고, 2번 버튼을 누르고 60ml가 담기면 2번 버튼 다시 누르고…, 이런 방식으로 순서대로 진행

하고 10초 동안 아무 버튼을 누르지 않으면 메인보드에 저장되면서 ON 모드로 돌아갑니다.

대부분의 머신은 좌측 버튼이 주인이고 우측은 노예라 좌측만 세팅하면 되지만 일부 머신은 좌/우측을 각각 해 주어야 합니다.

4) 다음은 시계 조정인데 5번 버튼을 누를 때 Dose setting 모드에 들어갈 때 무시하고 계속 누르면 Set Clock(시계 조절) 모드로 진입합니다.

5) 시계 조절은 1번, 2번 버튼으로 시/분/요일을 조정하고 3번 버튼은 다음 단계로 넘어갈 때 사용합니다.

6) 시계를 맞추고 나면 ON/OFF 시각을 설정할 수 있는데 퇴근할 때 머신 끄는 걸 깜박할 수 있기 때문에 설정해 놓는 것을 추천해 드립니다. 만약 22시에 마친다면 22시 30분에 OFF, 아침 8시에 오픈이라면 7시 30분에 ON, 이런 식으로 맞추시면 됩니다.

7) 다음에 휴일이 있는가 하는 내용이 나오는데 Closed와 함께 휴무 여부를 물어봅니다.

마찬가지로 1번이나 2번 버튼을 이용해서 정하고 5번 버튼을 누르면 설정됩니다.

만약 일요일이 휴무라면 토요일 밤 10시에 OFF 모드는 일요일은 건너뛰고 월요일 오전 7시 30분에 ON 모드로 설정됩니다.

연중무휴라면 5번으로 통과하시면 됩니다.

8) 옵션 유무에 따라 선택할 수 없기도 하는데 그때에는 5번 버튼을 이용해서 다음 단계로 진행하면서 마무리하시면 됩니다.

다음은 OFF 상태에서 하는 프로그래밍입니다.

1) 우선 5번, 3번 버튼을 동시에 눌러서 OFF 모드로 진입합니다.

2) 5번 버튼을 10초 정도 누르면 설정모드로 진입합니다. 1번, 2번 버튼은 변경이나 조정 버튼으로 사용되고 5번 버튼은 다음 단계로 넘어갈 때 사용합니다. 화면에 나오는 메시지와 권장되는 설정 방법을 알아보면(아래 내용이 옵션에 따라 있을 수도 없을 수도 있습니다.)

3) 'Password'----- 비밀번호 설정----- 1번 버튼 5번 눌러 줍니다. (출고 설정)

4) 'Display Mode'----- Normal 또는 Reverse 중 선택----- 대부분 Normal이지만 화면이 잘 안 보이는 경우 Reverse 선택합니다.

5) 'Contrast'----- 명암 밝기 선택----- 0~99 중 통상 40~50 선택.

6) 'Colour state ON'----- 디스플레이 색(청색, 녹색, 적색) 선택합니다. 2번째는 OFF.

7) 'Language'----- 언어 선택----- English 선택합니다.

8) 'Name'----- 가게 이름이나 원하는 글자 디스플레이 창에 표기----- 1, 2, 3번 키를 이용해서 영문으로 작성합니다. 필요 없으시면 5번 버튼을 눌러서 통과합니다.

9) 'Service Phone'----- AS 번호를 입력하거나 5번 버튼으로 통과합니다.

10) 'Filling Up + Coffee'----- 추출 중에 급수를 할 것인지----- Enable(허용) 선택.

11) 'Doses Setting'----- 추출 수 양 설정----- Enable(허용) 선택.

12) 'Continous delivery' or '3 Coffees Key'----- 5번 버튼 사용 여부----- Enable(허용) 선택.

13) 'Mixed Tea Water'----- 옵션 여부에 따라 다르나----- Yes 선택.

14) 'Buzzer'----- 경고음 사용 여부----- 설정 기준치를 초과하였을 경우 '삐!삐!' 소리가 나게 하는 것으로 화면표시만으로 충분하니----- Disable(허용하지 않음) 선택.

15) 'Disp. Steam Wand'----- 자동 스팀 옵션이 거의 없기에 Disable(허용하지 않음) 선택.

16) 'Offs. Steam Wand'----- 일반적으로 2℃ 설정하나 옵션이 없으면 의미 없음.

17) 'Steam Wand Gr.'----- 옵션이 없기에 '0'으로 설정

18) 'PreBrewing'----- 프리인퓨전 사용 여부를 묻는 것으로 매우 중요하기 때문에 자세히 알아보면 Disable(허용 안 함) 또는 Enabled(허용) 중에 선택을 하는데 Disable를 선택하면 넘어가지만 Enable 할 것을 제작사에서

권장하고 Enable을 선택하면 1(Espresso), 2(Coffee), 3(2 Espressos), 4(2 Coffees) 버튼에 대해서 순서대로 OFF(정지시간)을 우선 입력하게 하고, ON(물 흘리기 시간)을 입력하게 합니다. 0.1초 단위로 입력할 수 있으며 만약 3번(2 Espressos) 버튼에 대해 OFF 2.2, ON 1.8을 입력하였다면 3번 버튼을 눌렀을 때 1.8초간 추출 수가 나오고 2.2초간 멈춘 후 다시 추출 수가 나오는 순서를 가지게 됩니다. 이것은 처음부터 추출을 하는 게 아니라 밥할 때 쌀을 불렸다 하는 것처럼 추출 수를 조금 흘려서 커피 퍽을 적신 후 잠시 기다려 자연스럽게 추출 수가 커피 전반에 퍼지면서 에스프레소 추출이 풍성하게 이뤄지게 하는 기능으로 옵션이 있다면 사용을 권장한다는 제작사의 입장입니다.

19) 'Prob. Sensitivity'----- 수위 감지기 민감도로 'MID' 혹은 'Average'로 설정.

20) 'Led idle'----- 조명 절전 기능 여부를 묻는 것이므로 'Enabled' 선택.

21) 'Crone Group'----- 추출 시간 표시 여부를 묻는 것으로 '2' 선택(매우 중요).

22) 'Steam Boiler Heat'----- 'Temp. visual only' 선택 권장.

23) 'Service Cycle'----- 서비스 주기는 안 정하고 5번을 눌러서 통과.

24) 'Temperature'----- 화씨(℉)와 섭씨(℃) 중 섭씨 선택.

25) 'FillingUp T-Out'----- 보일러 물 공급 허용 시간 '120'초 설정.

26) 'Water Filter'----- 정수필터 교체 주기 설정 가능하나 5번으로 통과.

27) 'Change Password'----- 비번 변경 여부는 5번으로 통과.

그 밖에 경고 메시지가 디스플레이 창에 나타나는 경우가 있는데 이때 이것을 이해하고 조치 방법을 알아보겠습니다.

1) **FillingUp Time-Out----- 설정된 시간(120초)이 지났는데 보일러에 물이 안 찬 경우----- 전원스위치를 0, 1로 재가동하고 펌프 작동 여부 관찰.**

2) **Alarm Boiler Temp.----- 보일러 온도가 5초 이상 140℃가 넘어가면 표시되고 보일러는 자동으로 꺼짐----- 보일러 과열 원인을 점검하고 확인 후 과열 방지기 리셋.**

3) **Flowmeter Gr.1----- 좌측 유량계 이상으로 점검 및 부품 교체(플로우 메타 내 스케일 문제 혹은 커버의 손상이 예상됨).**

경고 메시지의 대부분은 펌프 혹은 플로우 메타 관련입니다.

기타 서비스 간격이나 필터 교체 시기 등을 입력해 놓았다면 알림 메시지가 뜨고 재설정하면 없어집니다.

제5일 차

커피그라인더 일반 기능 및 정수필터 설치

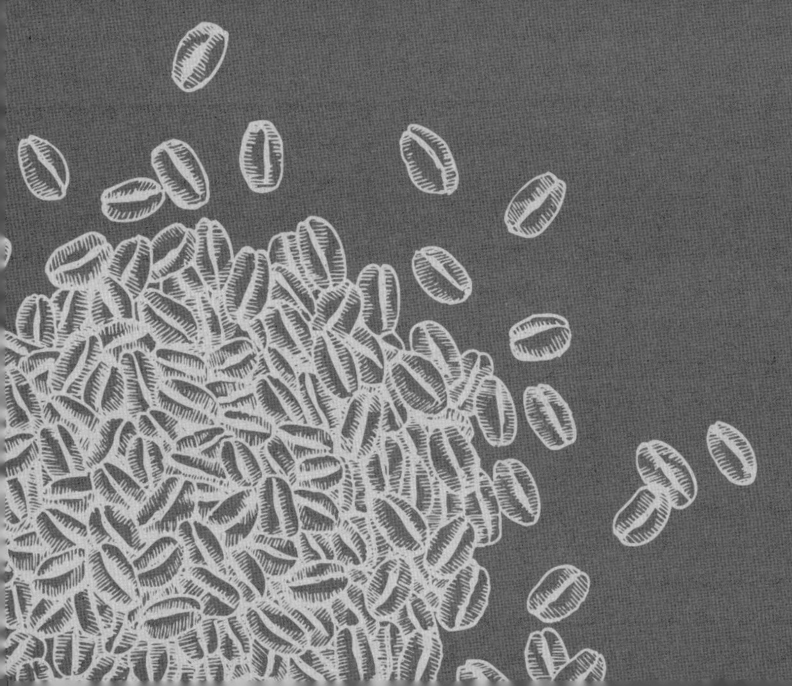

1. 커피그라인더 일반

커피그라인더에는 주로 코니컬 그라인더(Conical Burr Grinder)와 플랫버 그라인더(Flat Burr Grinder) 두 가지 주요 유형이 있습니다. 각각의 특징과 차이점을 살펴보겠습니다.

1-1. 코니컬 그라인더(Conical Burr Grinder)

• 부드러운 분쇄: 코니컬 그라인더는 원통 모양의 부분을 가진 커다란 그라인더로, 커피를 부드럽게 분쇄합니

다. 이로 인해 커피의 풍미를 더 끌어올려 주며 플랫버에 비해 상대적으로 낮은 RPM으로 날의 마모도가 작습니다.

- 적은 열발생: 코니컬 그라인더는 작동 중에 열을 덜 발생시키므로 커피 가루가 온도에 덜 영향을 받습니다. 따라서 맛과 향이 더 부드럽게 유지될 수 있습니다.
- 작동 소음: 일반적으로 코니컬 그라인더는 작동 시 상대적으로 조용합니다.

1-2. 플랫버 그라인더(Flat Burr Grinder)

- 정교한 분쇄: 플랫버 그라인더는 두 개의 평평한 부분을 가진 디스크 모양의 그라인더로, 커피를 균일하게 분쇄합니다. 이로 인해 정확한 커피 가루 크기 조절이 가능하며, 일부 모델은 미세한 조절도 가능합니다.
- 높은 정밀성: 플랫버 그라인더는 정밀한 분쇄를 제공하므로 에스프레소와 같은 커피에 매우 적합합니다. 커피 가루의 일관성이 뛰어나며, 바리스타들 사이에서 인기가 있습니다.
- 높은 열발생: 플랫버 그라인더는 작동 중에 코니컬버보다 더 많은 열을 발생시키므로 커피 가루가 열에 민감한 경우에는 주의가 필요합니다. 열로 인한 맛의 변화를 방지하기 위해 빠른 분쇄 속도나 냉각장치를 사용하는 모델도 있습니다.

2. 커피그라인더 분해 및 날 교체

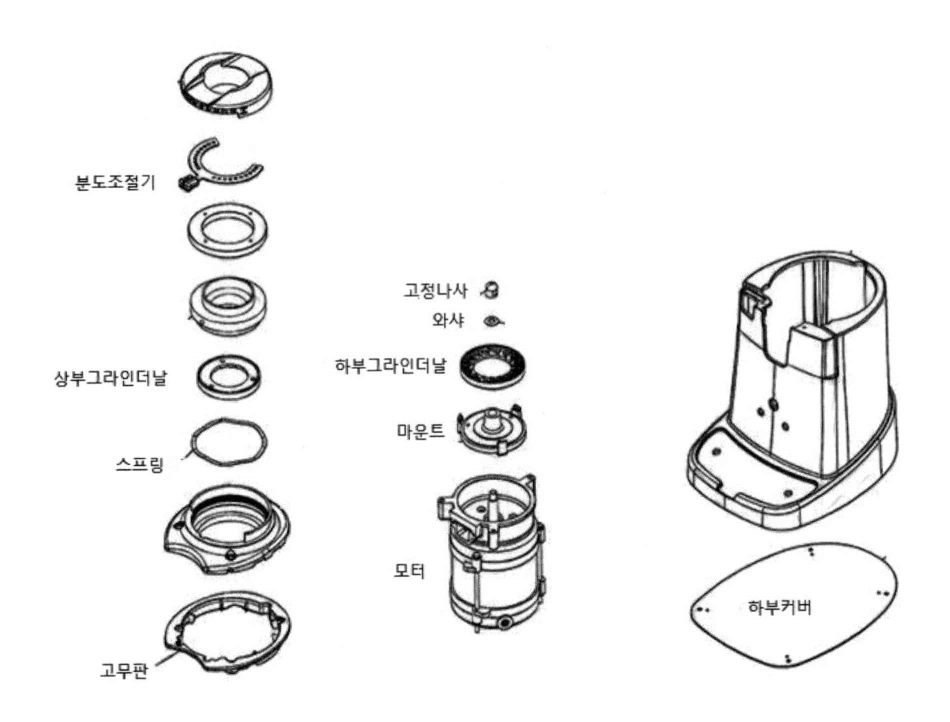

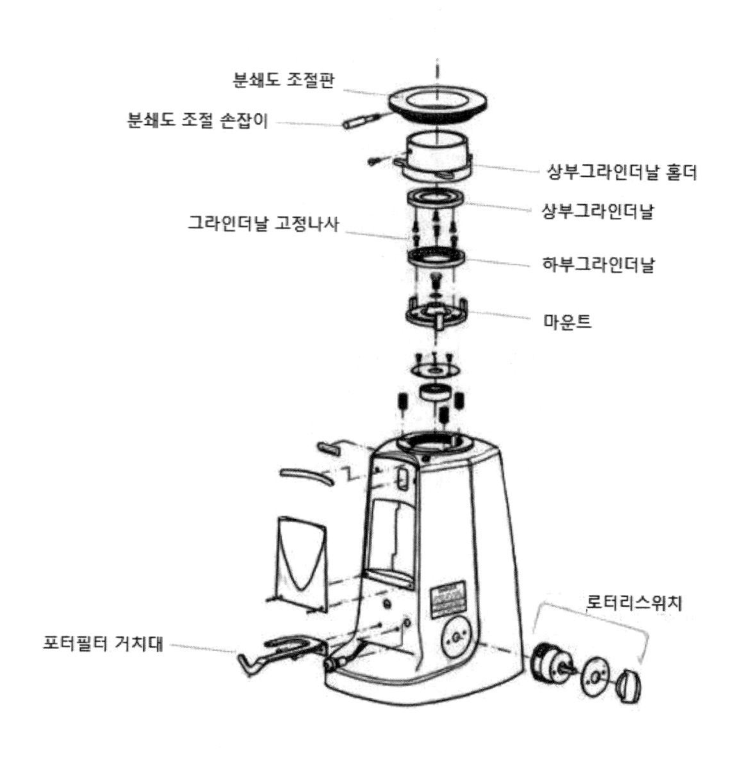
분쇄도 조절판
분쇄도 조절 손잡이
상부그라인더날 홀더
상부그라인더날
그라인더날 고정나사
하부그라인더날
마운트
로터리스위치
포터필터 거치대

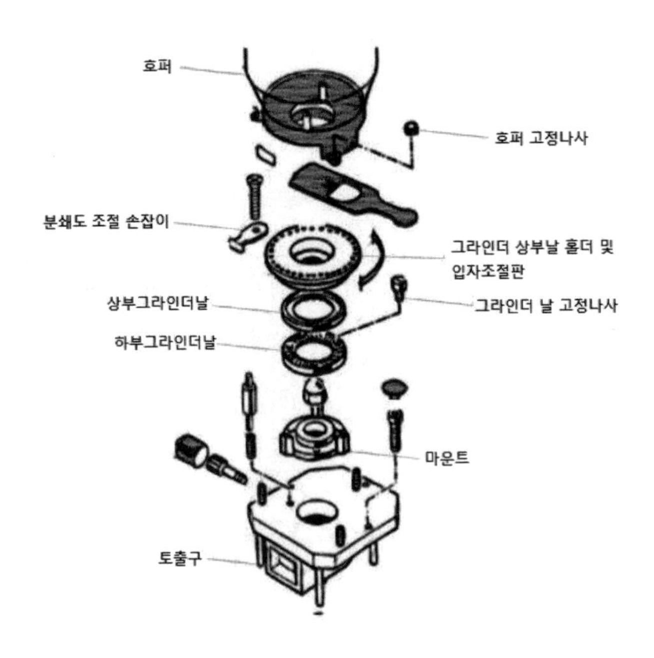

앞 3장의 도면과 다음 사진은 한국에서 많이 사용되는 전자동 커피그라인더 분해도와 사진으로 체아도(Ceado), 메조(Mazzer), 그리고 안핌(Anfim) 브랜드입니다.

모델이나 제작사에 따라 차이는 있지만 거의 비슷한 구조를 가지고 있습니다.

그라인더 칼날 교체는 특별한 기술보다는 이해를 통한 정확한 장착이 중요합니다.

그라인더 칼날은 2개가 마주 보고 맷돌처럼 갈아서 토출구로 내보내는 스타일인데 얼핏 생각하면 쇳덩어리로 된 칼날이 그깟 원두 좀 간다고 칼날이 무디어질까 하고 생각하시겠지만, 결론은 무디어집니다. 그럼 무슨 일이 발생할까 하고 생각해 보면 첫 번째는 원두 추출 시간이 길어집니다. 처음 18g 기준으로 3.5초면 나오던 원두가 4

초, 5초 시간이 늘어납니다. 두 번째는 커피 맛이 쓰게 느껴지고 뭔가 특이한 텁텁한 맛이 올라옵니다. 그 이유는 날카로운 칼날로 원두를 잘라 내야 원두 고유의 맛을 유지할 수 있는 반면, 무디어진 칼날은 원두를 으깨 버려서 그런 것입니다.

운영자분들은 그라인더 제조사 매뉴얼을 보고 몇 가지 반드시 확인할 사항이 있습니다. 첫 번째는 에스프레소용 칼날의 사이즈로 직경을 기준으로 64mm부터 83mm까지 다양하게 있습니다.

두 번째는 초당 분쇄량입니다. 초당 2g부터 5g까지 있는데 이것은 칼날의 크기와 회전수에 따라 달라집니다. 세 번째는 칼날의 수명입니다. 400kg부터 4,000kg까지 칼날의 크기, 재질에 따라 달라지는데 제작사가 이탈리아이고 로스팅 원두가 이탈리안 기준이라 풀시티와 같은 중배전을 사용하는 한국 기준으로 원두 경도의 차이로 약 20% 이상 더 사용할 수 있습니다.

칼날 교체 시기는 원두 사용량을 계산해 보면 대략적으로 알 수 있고 손으로 만져 보면 처음의 날카로움 대신에 뭉툭한 느낌을 느낄 수 있고 최초 원두 추출 시간보다 2초 이상 길어졌다면 교체 시기가 온 것입니다.

교체 시기를 놓치게 되면 원두 추출 중 비정상적으로 가늘게 뭉개진 원두가 부품 사이로 들어가게 되어 그라인더 자체의 고장을 일으키게 됨으로 제때에 교체하는 게 비용을 절약하시는 것입니다. (교체 시기를 놓치면 전체

분해 후 청소를 해야 합니다.)

그라인더에는 0번부터 9번까지 숫자로 원두 분쇄도를 표시하는데 숫자가 크면 분쇄도는 굵어집니다. 특별한 경우가 아니고는 최초 구매 시 2.3번 정도에서 시작해서 1.7번 정도에 이르면 칼날을 교체합니다. 물론, 절대적이지는 않습니다. 참고로 이탈리아 두 단어를 알아 두시면 편한데 굵게는 'Grosso', 가늘게는 'Fine'입니다.

칼날 교체 전에 굵은 쪽으로 60도 이상 돌려놓고 시작하여야 칼날이 서로 부딪히는 것을 방지할 수 있습니다. 칼날은 통상 상부에 있는 것은 고정형이라 고정 나사 3개를 풀어 주면 되고 하부의 칼날은 회전체에 부착된 관계로 드라이버 등으로 회전체를 잡아 주고 나사를 풀어 주어야 합니다.

나사 머리가 일자와 십자를 같이 사용할 수 있는 형태가 많은데 십자보다는 일자를 사용하시는 게 나사를 보호하는 데 유리합니다.

칼날 교체 및 청소 절차를 다시 한번 리뷰하면 우선, 스위치를 끄고 전원을 차단합니다.

- 칼날 제거: 그라인더에서 칼날을 분리해야 합니다. 이때 사용자 매뉴얼(분해도)을 참고하거나, 그라인더 모델에 따라 어떻게 분리하는지 확인하세요.
- 칼날 청소: 칼날을 완전히 청소해야 합니다. 모든 커피 찌꺼기와 오일을 제거하고, 필요한 경우 칫솔 또는 다

른 부드러운 솔로 칼날 주변을 청소하세요.

- 칼날 교체: 칼날 교체는 교체 자체보다 설정이 더 중요합니다.
- 조립: 칼날을 다시 그라인더에 조립합니다. 이때도 사용자 매뉴얼(분해도)을 따르고, 분해 역순으로 조립합니다.
- 테스트: 그라인더를 다시 작동시켜 교체한 칼날이 잘 작동하는지 확인하세요. 그라인더가 올바르게 작동하고 커피를 원하는 크기로 분쇄하는지 확인하세요.

3. 정수필터 종류 및 교체

커피머신에 쓰이는 필터는 크게 두 가지입니다. 정수용으로 쓰이는 필터와 스케일 제거용으로 쓰이는 필터입니다. 커피머신과 온수기에 쓰이는 필터는 정수용, 스케일 제거 필터를 같이 쓰고 제빙기에는 정수용 필터만 씁니다. 최근에는 정수와 스케일 제거를 같이 하는 복합형 필터를 많이 씁니다. 필터 하나만 장착하니 매우 편합니다.

정수필터에는 카본 필터가 많이 쓰입니다. 카본 필터는 활성탄을 이용한 필터라고 보시면 되고 물의 맛과 냄새를 개선해 주는 역할을 합니다. 스케일 제거 필터는 주로 물속에 높은 칼슘 및 마그네슘 함유량 때문에 발생하는 스케일 또는 칼슘 카보나이트 누적물을 제거하는 데 사용됩니다. 스케일 제거 필터에는 다양한 성분이 사용됩니다. 이 성분 중 일부는 황산, 폴리인산염, 이온교환수지 등입니다. 이러한 성분은 칼슘 및 마그네슘 이온을 물에서 제거하거나 중화시켜 스케일 형성을 예방합니다. 이러한 필터에는 제작사에서 정해 놓은 수명이 있습니다. 필터는 35,000~70,000L의 사용 연한을 가지고 있습니다. 가격이 싸면 사용수명이 짧은 게 많습니다. 커피 한 잔 만드는 데 그룹 헤드 청소 포함 500ml 사용하고 머신 청소 등의 물 사용까지 고려하면 하루 200잔을 기준(일반 음료 포함) 최소 6개월에 한 번은 바꿔 주셔야 하고 매출이 더 나오면 더 일찍 바꿔 주셔야 합니다. 머신 고장의 원인에서 가장 많은 비중을 차지하고 있으니 아끼지 마시기 바랍니다. 그리고 한 가지 간과하지 말아야 할 점은 제빙기에는 카본 필터 하나를 사용하는데 절대로 커피머신에 쓰이는 필터와 같이 쓰면 안 됩니다. 그 이유는 제빙기에는 커피머신의 펌프보다 더 강력한 펌프가 장착되어 있기 때문에 커피머신이 펌프 고장의 원인이 됩니다.

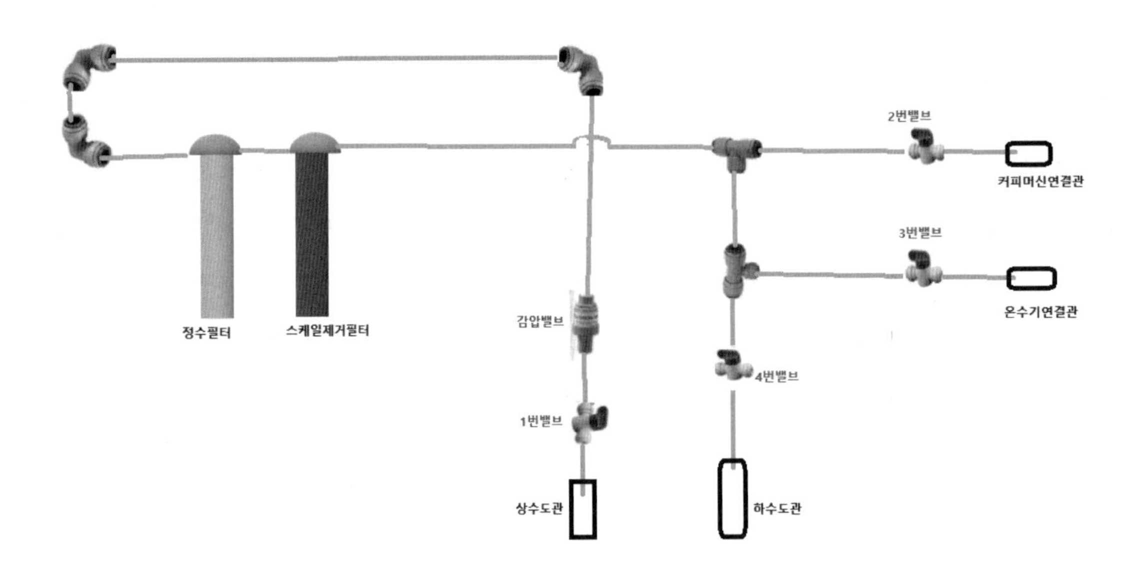

앞의 그림은 일반적인 커피머신 필터 연결 상태를 보여 주고 있습니다. L자 T자 밸브를 이용하여 각이 지게 물이 흐르는 호스를 연결하지 않으면 누수가 발생합니다.

필터 교체 방법을 알아보면

1) 1, 2, 3 밸브는 열려 있고 4번 밸브는 잠겨 있습니다.

2) 필터를 교체하기 위해서는 1번 밸브를 잠가서 상수도를 차단하고 커피머신, 온수기의 물 유입 차단을 위해서 2번, 3번 밸브를 차단합니다.

3) 하수도와 연결된 4번 밸브를 열어서 필터와 관에 있는 압력을 제거해 줍니다.

4) 필터는 헤드를 잡고 반시계 방향으로 돌려서 제거합니다.
(* 물이 나올 수 있으니 걸레나 물통을 준비합니다.)

5) 새 필터를 힘줘서 상 방향으로 꽂은 후 시계 방향으로 돌려 단단히 고정합니다.

6) 1번 밸브를 서서히 열어서 물을 통과시킵니다.

7) 2번, 3번 밸브는 잠긴 상태고 4번 밸브는 열린 상태이기 때문에 필터를 통과한 물은 하수구로 가게 됩니다.
(하수구가 막힌 점포에서는 넘칠 수 있으니 큰 통을 이용하여도 됩니다.)

8) 최소 5분 이상(제작사 권장 10분) 물을 빼 줘야 필터 코팅제, 찌꺼기 등이 머신으로 들어가지 않습니다. (** 플

러싱 작업이라고 합니다.)

9) 앞 작업이 끝나면 2번, 3번 밸브를 열어서 머신과 온수기에 물을 공급합니다.

10) 하수도로 가는 4번 밸브를 다시 잠가 줍니다.

11) 물 새는 곳 없는지 잘 점검하고 물이 새는 곳이 있으면 밸브와 호스를 힘 있게 눌러 줍니다.

12) 일반적으로 사용되는 부품과 호스는 국산보다 영국 브랜드인 존 게스트(John Guest) 제품이 많이 쓰이고 사용되는 호스 사이즈는 커피머신에는 3/8inch(9.7mm) 온수기에는 1/4inch(6.35mm) 사용됩니다.
시중판매 제품 중 10mm, 6mm 제품이 있는데 이것은 기본적으로 공기제어에 사용되는 호스며, 사이즈가 0.3mm 차이가 있어서 사용하시면 밸브 손상과 누수를 가져오니 사용하지 마십시오.

핵심 요약

제빙기의 펌프는 커피머신기의 펌프보다 강해 커피머신의 고장을 유발하기 때문에 필터를 따로 설치하여야 합니다. 테프론 호스를 자를 때 전용 공구를 이용하는 게 유리하고 호스를 밸브에서 분리 시에는 손톱으로 밸브의 튀어나온 부분을 눌러 주고 호스를 당기시면 쉽게 빠집니다. 결합 시에는 호스에 상처가 난 부분이 있다면 잘라 내고 구멍에 끝까지 밀어 넣은 후 뒤로 살짝 빼 주시면 됩니다.

4. 카페 장비 설치

카페를 차린다고 해서 직접 전기나 수도 공사를 하진 않지만 인테리어 하시는 분이 제대로 하는지 확인은 하여야 하기 때문에 전기와 수도공사 상식을 갖춰야 합니다.

4-1. 전기공사

카페에 기본적으로 들어가는 장비는 커피머신, 온수기, 그라인더, 탬핑기, 포스기, 냉장고, 냉동고, 제빙기, 에어컨, 우유 냉장고, 전자레인지 그리고 블렌더 등이 있습니다.

순간 최대 전력량을 잘 계산하셔서 배전반을 설치하는 전기공사를 해 줘야 하며 가장 안전한 것은 각각의 사용 전선 코드별로 구분해서 차단기를 설치하는 것입니다.

특히, 커피머신과 에어컨은 전력 사용이 크기 때문에 30A의 차단기를 설치해 주어야 하며 기타 다른 선은 20A 차단기를 설치해 주는 게 좋습니다.

앞의 사진을 보면 최초의 검은색 차단기 2개를 끊어 버리고 배전반에 전기기기뿐 아니라 콘센트별로 누전차단기를 달아 놓은 것으로 매우 안전하게 잘 설치되어 있고 에어컨과 커피머신은 용량이 30A인 누전차단기가 설치되어 있습니다.

전기제품이 콘센트와 플러그로 연결한 것이 일반적이지만 커피머신의 경우 일반 플러그(15A)와 콘센트(16A) 전류용량보다 머신기 전류용량이(19~23A) 큰 관계로 화재위험으로 사용할 수 없기에 차단기에서 나온 선과 머신기의 선을 직접 연결해 줘야 합니다.

4-2. 수도공사

카페의 구조상 싱크대와 커피머신은 따로 마주 보고 위치하고 있습니다. 그래서 싱크대의 상하수도를 머신기 쪽으로 끌어오는 공사를 진행합니다. 다음 그림은 일반적인 카페의 기본 전기제품 구성입니다.

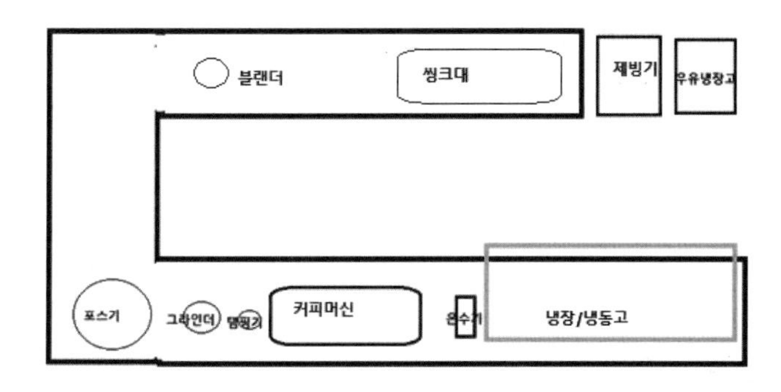

상수도는 싱크대에서 끌어오면 되지만 하수도의 경우는 잘 흘러서 내려갈 수 있도록 높낮이가 잘 고려되어야 합니다. 커피머신 쪽 구조를 보겠습니다.

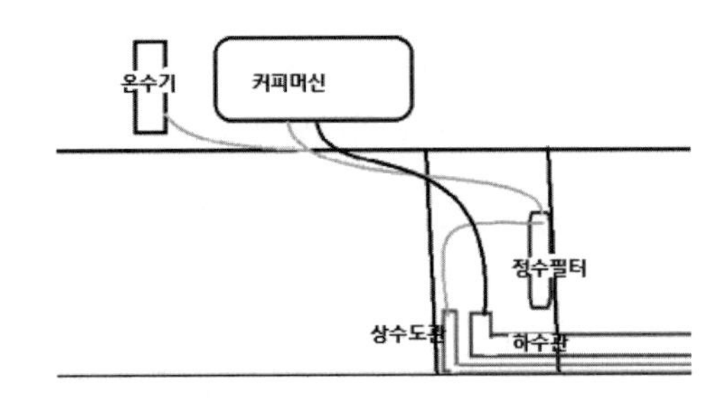

전기공사/수도공사 하시는 분들에게 이 내용을 반드시 얘기해 주셔야 추가공사 없이 바로 장비가 들어갈 수 있습니다. 이런 일반 구조를 바탕으로 커피머신 설치를 알아보겠습니다.

4-3. 커피머신 설치(제작사 권장 사항)

1) 싱크대는 평평하여야 하며 1도 이상 기울어서는 안 됩니다.
2) 급수압력은 1bar를 초과하고 6bar를 넘어서는 안 되고 만약 넘어간다면 감압밸브를 설치하십시오.
3) 급수 라인과 배수 라인 그리고 전기가 연결된 상태에서 전원스위치를 1번에 위치하면 펌프가 작동하면서 보일러에 물을 채우기 시작합니다. 120초 이내에 수위 감지기가 물을 감지하지 못하면 기계가 멈추고 LED 화

면이 깜박입니다. 기계를 껐다가 다시 켜십시오. 급수 라인을 확인하십시오.

4) 펌프가 멈추면 기계가 설정한 수위에 도달한 것입니다. 스위치를 2번에 위치하십시오.

5) 녹색 표시등이 켜지면서 물 가열이 시작됩니다. 열교환기의 기포 제거를 위해서 5초 정도 물을 배출하는 것이 좋습니다.

6) 기계가 작동온도에 도달할 때까지 약 30분 정도 기다리십시오. 녹색 표시등이 꺼지면 설정된 압력에 도달했음을 의미합니다. 공급전압을 표시하는 적색 등은 항상 켜져 있습니다.

7) 처음 2시간 정도 기계를 상온(물과 커피를 추출하지 않은 상태로)으로 유지한 후 메인 스위치를 0번으로 돌려 끄고 온도와 압력이 떨어지길 기다리십시오.

8) 온도와 압력이 떨어지면 보일러 물을 비우십시오.

9) 다시 3번으로 가서 6번까지의 과정을 다시 하십시오.

10) 보일러 압력 게이지를 조정 나사를 이용하여 압력을 조정하십시오. (1bar 기준)

11) 펌프의 조정 나사를 이용하여 추출 압력을 9bar로 맞추십시오.

핵심 요약

최초 작동 시 보일러의 물을 빼 주지 않으면 커피머신 제조할 때 생긴 비산물과 보일러 내부 및 관에 있는 찌꺼기가 그대로 쌓여 있게 됩니다. 빨래로 치면 삶아 빠는 효과가 있는 셈이니 반드시 처음 물은 가열 후 버리고 다시 받아서 사용하십시오.

제6일 차

커피머신 해체 및 재조립

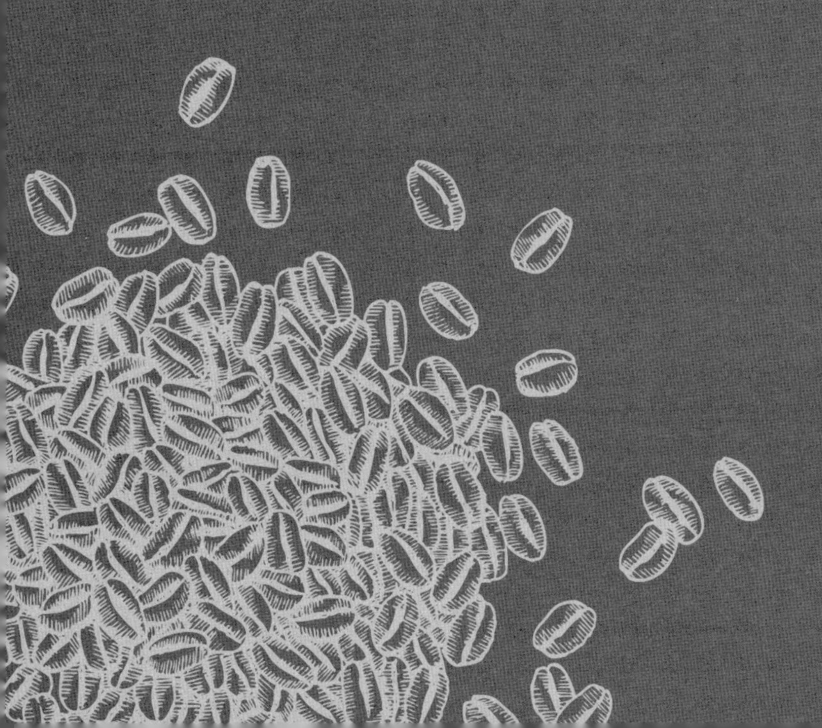

1. 커피머신 해체 순서 및 방법

커피머신을 이해함에 있어서 가장 쉽고도 어려운 방법이 분해 후 조립입니다. 다양한 머신을 분해하다 보면 제조사별로 약간의 차이를 느낄 수 있고 같은 부품을 가지고 왜 이렇게 다른 형태로 제작했는지 하는 제작자의 설계 의도를 파악할 수 있습니다. 특허를 피하고자 했을 수도 있으며 제조비를 절약하려는 의도도 알 수 있습니다.

다행스럽게도 가격이 비싸고 복잡한 머신일수록 수리를 위한 분해에 있어서는 더 쉬운 구조로 되어 있다는 것입니다.

커피머신 분해는 전기 라인을 제외한 머신 내의 보일러를 포함한 모든 동관을 분리하여 청소(스케일 제거)하는데 주안점이 있습니다.

설계도를 보고 하나하나 분해하면서 사진을 찍는 것이 가장 좋은 방법이며 사진의 주안점은 단순하게 배치를 찍는 게 아니라 매우 디테일하게 나사산의 길이나 비슷하게 생긴 나사들까지 찍어 두시는 게 도움이 됩니다. 특히 전선의 위치나 배선은 매우 중요하기 때문에 자세히 찍어 두셔야 합니다. 가장 대중적으로 사용되는 2그룹 커피머신으로 진행하고, 부품 분해 청소가 아니기 때문에 보일러를 포함한 동관 위주로 분해하도록 하겠습니다. 동관과 지지하는 너트는 매우 약하기 때문에 반드시 두 개의 스패너를 이용해서 분리하고 분리 시에는 큰 공구로 작은 힘을 주어 분리하고 조립 시에는 작은 공구를 이용하는 게 요령입니다. 그리고 공구를 처음에 사용하지만 손으로 마무리하고 조립 시는 손으로 최대로 조이고 공구로 마무리합니다.

다음 사진은 BFC 갈릴레오 2그룹 분해 사진입니다. 스케일 제거 목적으로 오버홀(Overhaul) 작업을 위해 동관을 제거한 상태입니다.

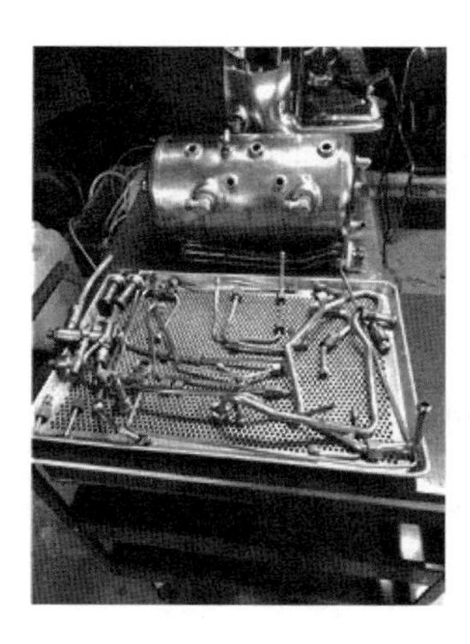

분해 전에 작업환경을 우선 갖추어야 합니다. 공구, 떼어 낸 부품 보관, 나사/볼트/와셔가 서로 섞이지 않게 보관할 장소나 용기를 미리 계획하고 진행합니다. 나사 등을 떨어트릴 경우를 대비해서 바닥에 천/고무판 등을 깔아 놓는 것도 좋은 방법입니다.

제일 먼저 확인해야 할 설계도부터 분해 및 조립 시 주의 사항, 테스트 시 주의 사항, 그리고 안전 사항까지 모든 게 망라된 내용으로 하나씩 따라가면 어렵지 않게 진행할 수 있습니다.

1) 분해할 머신의 설계도를 확인합니다.
2) 분해의 목표는 모든 관(동관, 스테인리스관, 실리콘관)을 해체하고 부품을 분리하는 데 있습니다.
3) 분해 순서는 뼈대를 제외한 커버를 분리합니다. (전면 트레이를 걷어 내고 상판, 좌우 판넬, 후판 순으로 분리.)
4) 보일러 상부에 보이는 간단한 것부터 분리합니다. (진공방지기, 수위 감지기, 안전밸브, 압력 조정 스위치&밸브) 특히 압력 조정 스위치는 과열 방지기와 연결된 선이 있기에 스위치는 고정된 상태로 동관만 풀면 되는데 연결된 밸브는 매우 약하므로 그립 플라이어와 스패너 또는 두 개의 스패너를 이용해서 조심해서 풀어야 합니다.

가운데 각진 부분을 잡아 주어야 분리해야 밸브/너트가 손상되지 않습니다.

수위 감지기와 연결된 전선은 조심해서 뽑으시면 됩니다.

5) 스팀 밸브 라인과 그룹 헤드 상단 라인을 분리합니다.

*** 보일러를 기준으로 중간 부위 라인 분리부터는 전기 라인의 간섭을 받습니다. 전기 라인 손상을 최대로 조심하면서 사진을 잘 찍어 두시기 바랍니다.**

6) 수위계를 연결해 주는 2개의 동관을 보일러로부터 분리합니다.

7) 온수 밸브 라인을 분리합니다.

8) 펌프와 연결된 스테인리스 입/출수 라인을 풀어 주고 펌프를 모터로부터 분리합니다.

9) 플로우 메타를 분리합니다.

10) 이제 보일러와 연결된 남은 라인은 분배기에서 이어지는 급수, 솔레노이드에서 열교환기로 이어지는 라인, 그룹 헤드 하단과 열교환기 하단 라인, 분배기에서 보일러로 이어지는 급수 라인, 마지막으로 보일러에서 배수통으로 나가는 배수 라인입니다.

분배기 설계도를 참고로 하나씩 분리해 나가시면 됩니다.

** 과수압 방지 밸브, 보일러 배수 라인은 보통 실리콘 튜브가 사용되며 배수통에서 나가는 하수 라인은 커피

머신 전용 배수 호스로 하수도와 연결합니다.

11) 모든 관 분리는 마친 상태이고 마지막으로 보일러 본체를 분리하여야 하는데 보일러 히터 부분은 가열을 위한 전기선이 좌우로 2~3sets 그리고 과열 방지기와 연결된 감지봉이 있습니다. 감지봉 자체는 그냥 뽑으시면 되고 전기선은 사진을 잘 찍으시고 분리하시면 됩니다.

12) 이제 보일러 본체를 분리하여야 하는데 통상 바닥에 좌우 2개의 나사로 고정되어 있기 때문에 바닥을 볼 수 있게 공간을 확보하여 풀어 주면 됩니다. 보일러 고정 나사를 바닥으로부터 풀어 주면 보일러가 분리됩니다.

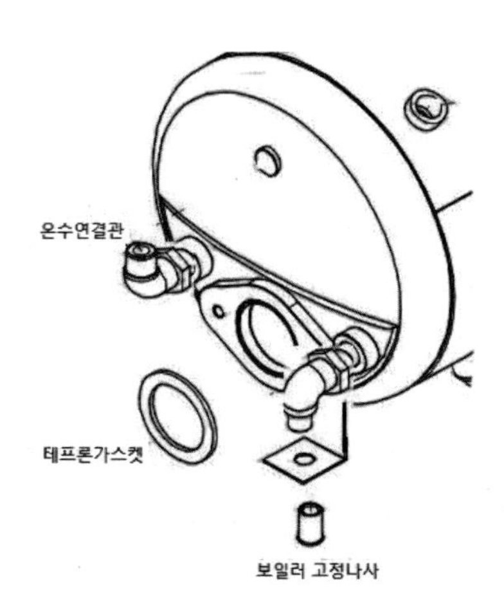

13) 분리된 보일러의 히터 좌우 2개의 볼트를 풀어 주고 바깥쪽으로 당기면 히터가 나오게 됩니다. 테프론 개스킷은 매우 중요한 밀봉 역할이기에 손상 여부를 보고 교체하여야 합니다.

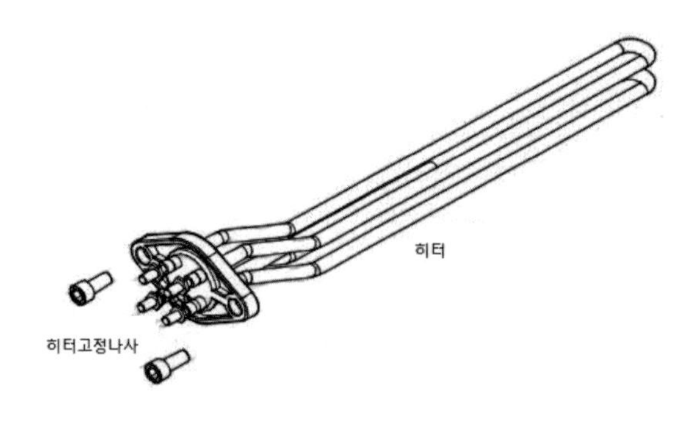

14) 아직 분리되지 않은 모터는 커피머신과 수명을 같이하는 부품에 가깝고 고장의 우려가 없습니다. 모터를 분리할 때 고정 나사 4개를 다 풀어서 분리하는 것이 아니라 2개의 상부 너트를 분리 후 모터 전체를 한쪽으로 밀어서 들어 올리면 분리됩니다.

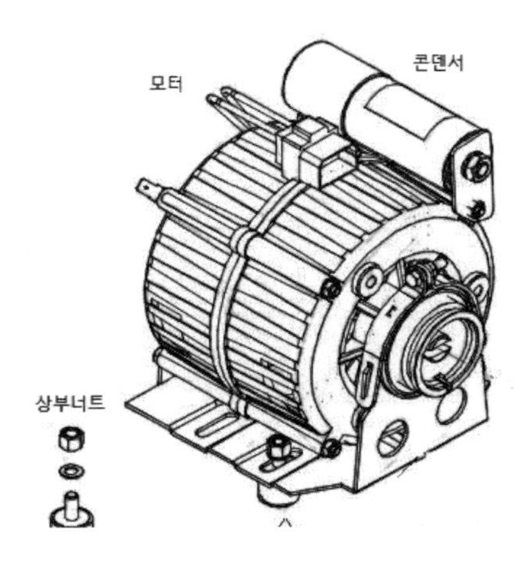

핵심 요약

커피머신 분해는 동관에 달린 너트의 분해가 주된 일입니다. 동 자체의 재질이 약하고 오랜 시간 동안 풀지 않았던 너트라 잘 풀리지 않고 손상이 올 수 있습니다. 그런 이유로 공구의 적절한 사용이 무엇보다 중요합니다. 반드시 스패너 2개를 사용해서 고정하고 푸는 성의가 필요합니다. WD-40 같은 윤활유의 적절한 사용도 필요합니다. 분해할 때에는 작은 손힘으로 큰 힘을 낼 수 있는 큰 공구를 사용하는 게 중요합니다.

2. 커피머신 재조립

지금까지 분리해 놓은 부품을 스케일 세척제, 윤활유 등으로 깨끗하게 청소하고 분해의 역순으로 차근차근 조립해 나가시면 됩니다. 모든 조립은 손으로 최대로 하고 마지막 조임만 공구를 사용하시는 게 원칙이며 공구 역시 작은 공구를 사용하여야 합니다. 조립 중에 나사산이 안 맞거나 정확히 맞물리지 않은 상태에서 공구를 사용하게 되면 나사산이 망가지거나 누수가 발생합니다. 누수가 있다고 마구잡이로 테프론 테이프를 감는 경우가 있는데 커피머신의 경우 대부분 자체적으로 피팅이 되는 구조를 가진 경우가 많기 때문에 재질이 다른 부품 간의 결합(스테인리스동)을 제외하고는 테프론 테이프가 사용되는 경우가 많지 않습니다. 정확하게 나사를 결합한다면 누수가 생기지 않습니다.

반면에 분리하면서 이미 테프론이 감겨 있었다면 사용하시는 것을 추천해 드립니다.

1) 모터 펌프 조립은 분리된 모터와 임펠라 펌프를 단단히 결합 후 머신에 장착하십시오. 임펠라 위치가 분해 당시와 같은 모양으로 위치하게 하십시오. 결합 전에 펌프의 베어링을 확인하고 불량 시에는 교체하겠지만 양호하다면 구리스를 충분히 바르고 모터에 결합하십시오.

2) 보일러 내부 청소 후에 히터를 결합하고 보일러를 부착하는데, 미리 열교환기 하단과 그룹 헤드 하단 연결 라인을 손으로 연결하고 보일러를 올리시면 안정감 있게 장착이 가능합니다. 손으로만 연결한 너트를 스패너로 지그시(힘이 과하면 부러집니다.) 조여 주십시오.

3) 조립은 당연히 바닥 라인부터 시작하는데 장착된 펌프의 입/출수 라인 연결로 분배기를 고정하고 분배기 안쪽부터 플로우 메타, 과수압 밸브, 수압 감지 밸브, 그리고 보일러급수 라인을 연결합니다. 만약 여기서 누수가 발생하면 다시 분해하는 불상사가 있을 수 있으니 정성껏 해 주시고 나사산에 식용 구리스를 발라 주시면 누수방지, 나사 보호, 녹 방지 등 장점이 많으니 적극적으로 꼼꼼하게 발라 주십시오.

4) 중간부터 상단까지 분리 역순으로 (온수-수위-스팀-그룹 헤드) 조립하는데 찍어 두었던 사진을 참고로 똑같게 조립하십시오. 재질이 동이라 쉽게 휘어지기 때문에 같은 위치를 잡아야만 테스트 시 문제(누수)가 발생하지 않습니다.

5) 상단의 안전밸브, 진공방지기, 수위 감지기, 그리고 압력 조정 스위치 밸브까지 모든 조립을 마치고 커버를 덮기 전에 테스트를 합니다.

6) 잠가 놨던 수도 밸브를 열어 줍니다. 수압계가 1~5bar를 지시하는지 확인하고 누수가 생기는 곳이 없는지 확인합니다. 수도관을 타고 펌프와 분배기, 플로우 메타, 그리고 열교환기를 중심으로 확인합니다. 누수가 있다면 스패너로 지그시 잠가 주고 다시 확인합니다.

그럼에도 불구하고 누수가 있다면 물을 차단하고 누수 부위를 분리하여 테프론 테이프 등을 이용하여 다시 작업을 합니다. 다시 물을 공급하고 확인합니다.

7) 누수가 더 이상 없음이 확인되면 차단기를 올리고 전원스위치를 0에서 1로 변경합니다. 하고 LED 디스플레이에 창을 통해 ON 상태임을 확인합니다. 펌프가 가동되는 소리와 물이 공급되면서 분배기에서 보일러로의 물 공급 라인, 배수 라인, 그리고 수위계 연결 부위 등을 확인합니다. 보일러 물 공급은 120초 안에 종료됩니다.

8) 키패드를 눌러서 점검합니다. 온수는 보일러 압력이 없기 때문에 작동하지 않지만 나머지 키는 작동하기 때문에 수압을 펌프의 수압 조절기를 이용하여 9bar로 맞춰 줍니다. 이때 다시 한번 분배기와 플로우 메타 그리고 그룹 헤드에 누수가 없음을 확인하십시오.

9) 수위계를 통해 물이 정상범위(Min~Max 사이)에 있는지 확인하고 전원스위치를 2번에 놓고 가열을 시작합니다. 가열 중에 누수를 다시 한번 확인하십시오.

전원 옵션이 3번까지 있는 경우에는 3번으로 놓으십시오.

10) 30분 이내에 보일러 압력이 증가되면 압력계가 0.8~1.2bar 사이에 있는지 확인하고 범위를 벗어나 있으면 압력 조정 스위치를 돌려서 압력을 1bar로 조정하십시오.

11) 스팀과 온수를 테스트하십시오. 스팀이 연결 부위에서 조금씩 새는 경우 당황하지 마시고 연결 너트를 시계 방향으로 지그시 조이면 대부분 멈춥니다.

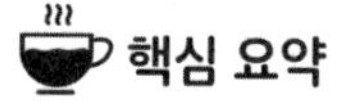

핵심 요약

분해와는 반대로 작은 공구로 조립하여야 부품 손상이 없습니다.

부록

FAQs

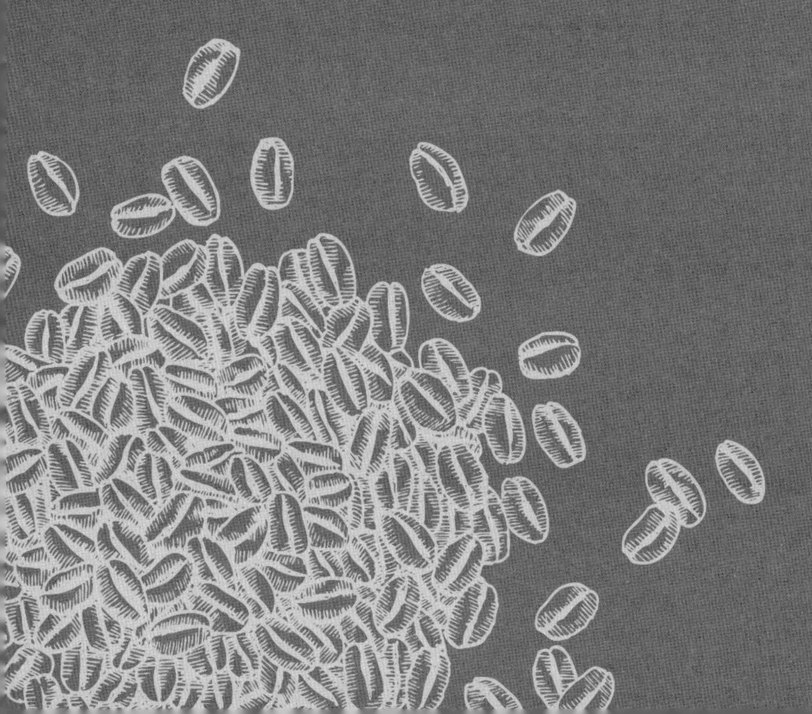

1. 자주 하는 질문과 답변

1-1. 카페를 하려하는데 어떤 커피머신을 구매해야 할까요?

카페의 커피머신은 택시 차종 고르는 것과 같다고 생각합니다. 택시 영업하려고 BMW, 벤츠, 아우디와 같은 명차를 사서 하면 좋겠지만 초기 투자비가 지나치면 요금을 아주 비싸게 받아야 하지 않을까요? 그렇다고 경차를 사서 영업을 할 수도 없는 일이고 결론적으로 가성비 좋고 부품 조달이 쉬운 소나타가 정답이 될 것입니다.

한국의 반자동 에스프레소 상업용 커피머신의 대부분은 이탈리아 제품이고 100년의 역사를 가지고 전 세계에 수출하는 제품이다 보니 성능에 대해서는 크게 의심하지 않아도 됩니다.

커피머신에서 중요한 것이 그룹 헤드인데 가장 대중적인 E61 그룹 헤드를 사용하고, 키패드는 일반 똑딱이형 6버튼, 스팀기는 단순하게 돌리는 동글이형을(같은 모델이라도 선택이 가능한 옵션입니다.) 채택한 2그룹 머신을 구매하시는 것을 권장해 드립니다.

결론적으로 세계적인 브랜드보다 한국에 많이 들어온 브랜드 중에 선택을 하고 같은 브랜드라도 모델별로 가격이 많이 차이가 나기 때문에 모델별로 가격차가 별로 없는 브랜드 선택을 권유합니다. 고가의 제품을 생산하는 브랜드를 제외하면 콘티, 페마, 라심발리, 씨메 브랜드는 다양한 가격대와 모델을 가지고 있어 선택의 폭이 넓은 반면 BFC, 로얄퍼스트는 독립 보일러이냐 아니냐에 따라 두 가지 가격대이며, 로얄퍼스트는 심플하게 한 가지(싱크로T2)로 판매됩니다.

커피머신도 차량처럼 연식에 따라 가격차이가 있으므로 그 점도 고려 대상이며 가장 중요한 것은 항상 커피머신 AS 가능한 주변 업체와의 거래를 권장합니다.

1-2. 커피머신 가격대는 어떻게 구성되나요?

커피머신의 가격은 머신 자체 가격과 부가 서비스 가격으로 구성된다고 보시면 됩니다. 즉, 커피머신 본체, 매뉴얼(사용자 매뉴얼, 정비 매뉴얼, 부품 리스트), 서비스용 수공구, 제품 설치 및 AS 기간이 포함된 가격이라고 보시면 됩니다. 전문 수입업체라면 커피머신 본체와 박스 안의 사용자 매뉴얼만 수입해서 가격을 최대로 낮추고 나머지 서비스는 직접 수행하기 때문에 커피머신 가격에는 서비스 요금이 포함된 가격이라고 보시면 됩니다. 엔지니어 인건비가 비싼 유럽 기준으로 보자면 AS 가격이 전체 가격의 30% 이상을 차지합니다. 수입업체에서 서비스 부분을 외주를 주기도 하는데 서비스 수행 업체가 영세하다면 문제가 생기기 때문에 최종 설치 업체를 잘 선택하여야 합니다.

직접 설치가 가능하고 AS가 필요 없다면 20% 이상 저렴하게 구매 가능합니다.

1-3. 커피머신에 있는 옵션에 대해 알려 주세요

커피머신은 자동차처럼 옵션이 다양합니다. 전혀 없는 깡통 타입도 있지만 몇 가지 있는 좋은 옵션에 대해 알아보면

- 우유 스팀러: 우유를 스팀으로 데워야 하는 라테나 카푸치노 등의 음료 제조 시 바리스타의 능력에 따라 맛 차이가 많이 나게 되는데 이 옵션은 자동으로 적정 온도(64℃)로 데워 주는 기능.
- 컵 워머: 커피머신 상단에 열선이 있어서 커피 잔을 따듯하게 데워 주는 기능(고장이 많음).
- 자동 청소 기능: 마감 청소 때 자동으로 그룹 헤드를 청소하는 기능(필수 기능에 가까움).
- Mix Tea 기능: 120℃ 보일러 내부의 물을 중간에 찬물을 섞어서 원하는 온도로 조절하는 기능.
- 디스플레이와 프로그래밍 기능: 사용자가 추출 시간, 온도 및 기타 설정을 프로그래밍할 수 있는 디스플레이와 인터페이스를 제공합니다. 필수 기능에 가깝습니다.

2. 스케일 제거를 전문으로 하는 닥터스케일 소개

커피머신에 대한 연구를 거듭할수록 고장의 원인이 부품의 노후를 제외하고는 청소의 문제이고 물의 온도 변화, 수질의 문제로 인한 스케일 침착이 가장 큰 원인이라고 판단할 수 있습니다. 운영자가 할 수 있는 관리는 필터를 제때에 교체하고 마감 청소를 기계적으로 하는 방법이 최선입니다. 스케일로 인한 고장 중에 운영자 입장에서 가장 직관적으로 느낄 수 있는 부분은 유량의 감소와 그룹별 유량의 차이가 발생할 때입니다. 이를 위해 지글러 세척/헤드 세척이라는 명목으로 서비스를 받으면 근시일에는 큰 문제가 없지만, 사용할수록 근본적인 스케일을 제거하지 않았기 때문에 다시 막히는 것이 현실입니다. 스케일을 제거한다고 매번 커피머신을 뜯어서 청소할 수도 없는 일입니다. 그럼에도 불구하고 보일러 내부의 물때와 스케일은 커피의 맛과 향에 영향을 줄 수밖에 없습니다. 스케일이 침착되어 있는 커피머신에서는 원두의 단맛과 좋은 산미를 없애고 떫은 맛, 텁텁한 맛을 도드라지게 합니다.

좋은 원두와 좋은 필터를 통과한 깨끗한 물도 결국은 커피머신 내의 보일러를 통과해야 에스프레소 추출이 되기 때문에 머신의 내부 청소는 선택이 아닌 필수입니다. 우리가 아무리 하루 3번 이를 깨끗이 닦아도 1년에 한 번은 치과에 가서 스케일링을 하는 것과 같다고 보시면 됩니다.

현실적으로 내부의 보일러를 포함한 스케일 제거는 최소 3년 주기로 오버홀(Overhaul) 과정을 통하여만 가능한데 그 과정이 머신 전체를 분해하였다가 재조립하는 과정으로 기계 자체에 부담을 주고 정비 중 2차, 3차 고장을 야기할 가능성도 있으며, 머신 수거 - 대체 머신 설치 - 수거 머신 오버홀(3일) - 대체 머신 수거 - 정비 머신 설치 등의 과정을 거침으로 시간비용 면에서도 부담이 큽니다.

반면에 특허받은 장비로 유체 흐름을 통한 방식을 택한 닥터스케일 방식은 매우 고무적입니다.

닥터스케일은 최소한의 머신 분해 후 전용 장비와 전용 세정제를 이용하여 5시간 이내에 자동으로 스케일을 제거하고, 영업에 전혀 지장이 없고, 최대 3년 차 커피머신부터 디스케일 작업을 정기적(연 1회)으로 수행하는 경우 머신의 수명은 10년 이상 반영구적일 것입니다.

또한, 서비스 시간이 약 5시간 정도인 만큼 그라인더, 제빙기, 온수기도 효율적으로 유지보수관리가 가능합니다.

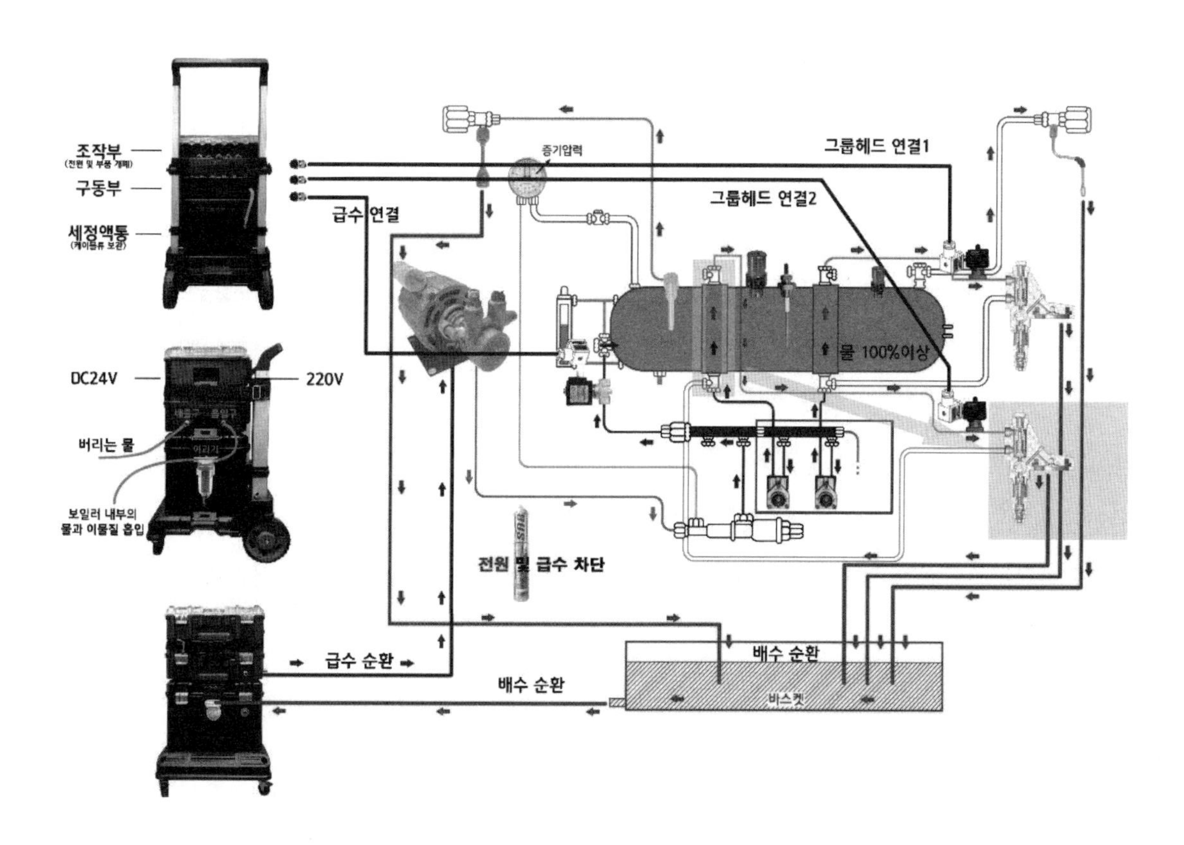
조작부
구동부
세정액통
DC24V
220V
버리는 물
보일러 내부의
물과 이물질 흡입
증기압력
그룹헤드 연결1
그룹헤드 연결2
급수 연결
물 100%이상
전원 및 급수 차단
급수 순환
배수 순환
배수 순환
바스켓

앞 사진은 유체 순환 방식 적용 흐름도입니다. 안전한 바이오 세정제가 커피머신 내의 모든 관을 통과하면서 스케일 및 이물질을 세척하는 방식이라 4시간 정도의 시간이면 작업이 가능하고 영업시간 이후에 작업을 한다면 영업에 전혀 지장을 주지 않는 장점이 있기에 추천할 만합니다.

유체 순환 방식을 채택하여 단순히 그룹 헤드(열교환기)만 세척하는 것이 아닌 스팀 보일러까지 스케일 제거가 가능하기 때문에 우유 스팀 봉과 스팀 밸브에 끼이는 우유 찌꺼기까지도 제거할 수 있도록 했습니다. 또한, 보일러의 물을 가열하는 히팅 봉(히터)은 스팀 보일러에 체결되어 있는 부품이기 때문에, 히팅 봉이 스케일에 덮여 있으면, 그만큼 물과 접촉면이 멀어지고, 열의 효율이 떨어집니다. 통상 예열하는 데 20분이 걸렸던 커피머신이 스케일 침착이 많아질수록 30분, 40분씩 가열을 시켜야 됩니다. 이는 히터가 사용하는 전기용량(약 3800W~5600W)을 높이는 주요 원인이 되기도 합니다. (사용 연차가 긴 커피머신의 경우 히터 자체의 수명이 다했을 수 있습니다.)

운영자가 커피머신에 대한 기본적인 관리와 정수필터의 교체에 신경 쓰고 있다면, 닥터스케일의 스케일링 방식은 시너지가 극대화될 수 있을 것이라 생각합니다.

다음 사진은 작업 현장 및 보일러, 그룹 헤드 세척 전후 사진입니다.

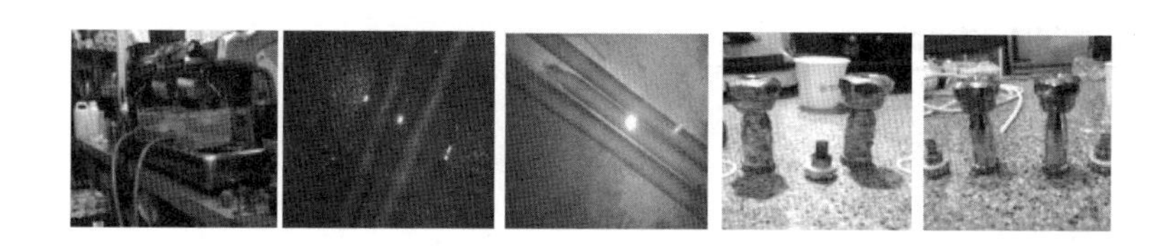

연 1회 커피머신 스케일링으로 기계적으로 안정적인 관리를 하고, 고객에게 맛있는 커피를 제공할 수 있다면, 충분히 가치가 있는 작업이라 추천할 만합니다.

3. 주요 제조사 참고 도면

커피머신 제조사는 대부분 유럽이고 이탈리아에 집중되어 있습니다. 제조사만 해도 100개가 넘고 모델별로 보면 최소 1,000개 이상일 것입니다. 그렇지만 자동차가 바퀴 4개, 엔진 1개, 그리고 핸들로 구성되어 있듯이 커피머신의 구성도 다 같습니다. 디자인이 다르고 설계의 차이가 있을 뿐 하는 역할은 같습니다. 저작권 문제로 직접 그리다 보니 조금 아쉬운 부분도 있습니다. **도면이 필요하시면 언제든지 닥터스케일로 연락해 주시기 바랍니다.** 책에서 사용된 도면은 BFC 제작사 도면이며, 그 외에도 페마(FAEMA), 씨메(CIME), 라심발리(LACIMBALI), 콘티(CONTI), 그리고 시모넬리(SIMONELLI) 등 한국에 많이 들어와 있는 제조사의 도면 중 그룹 헤드 중심으로 참고 도면을 올리도록 하겠습니다. 도면을 보시면서 제작사별 특징 등을 살펴보시면 많은 도움이 되실 것입니다.

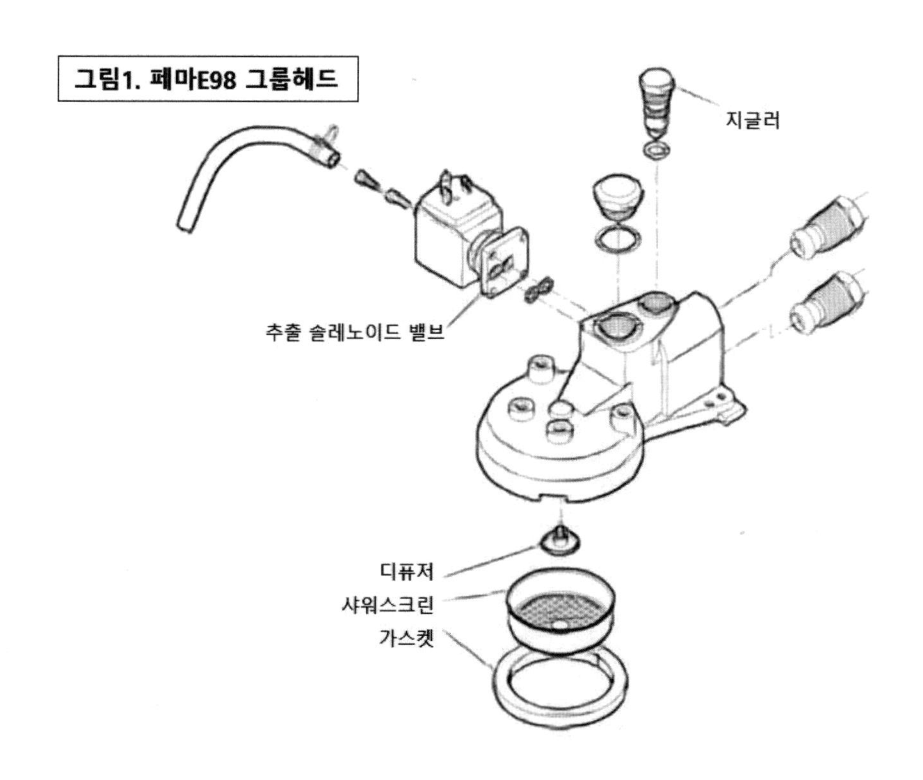

그림1. 페마E98 그룹헤드

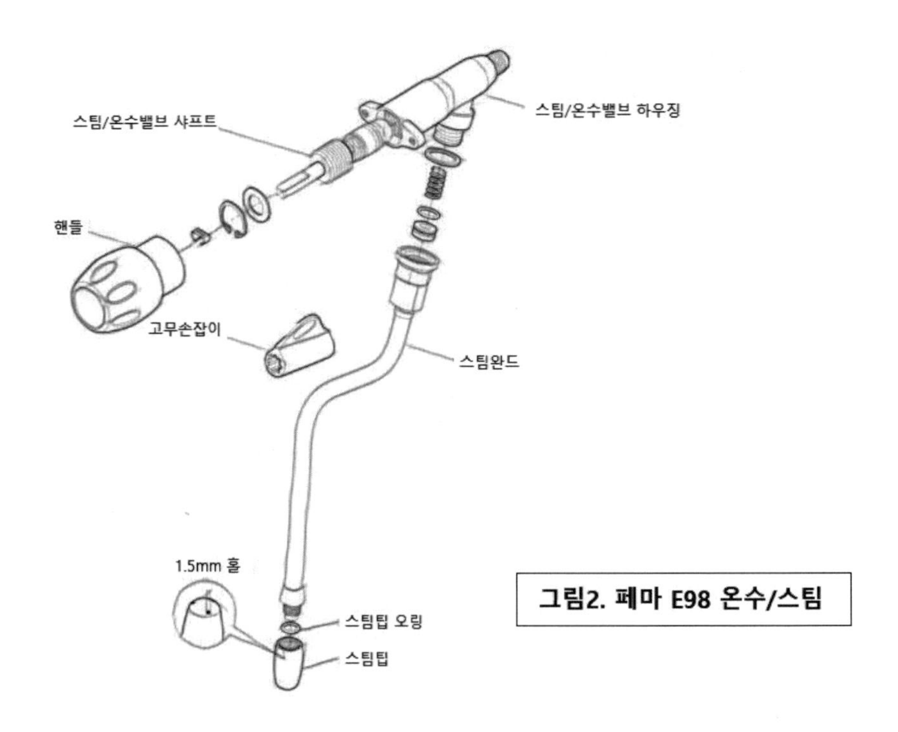

그림2. 페마 E98 온수/스팀

그림3. 라심발리 M27 분배기

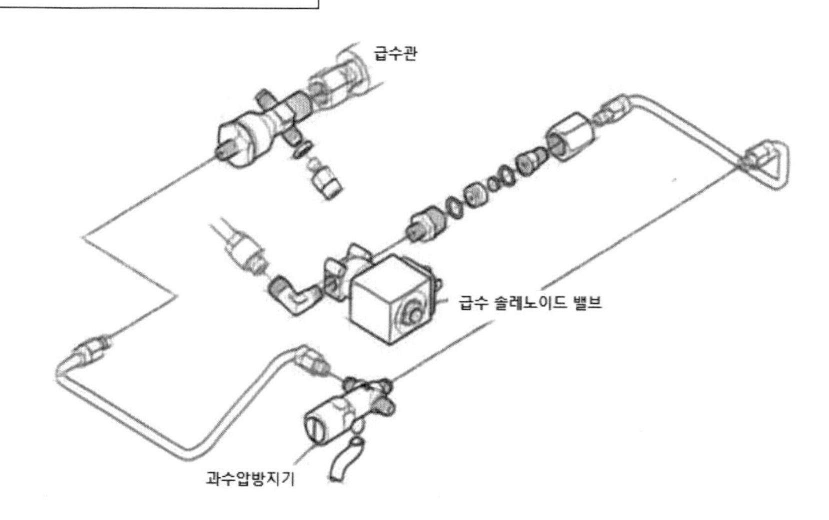

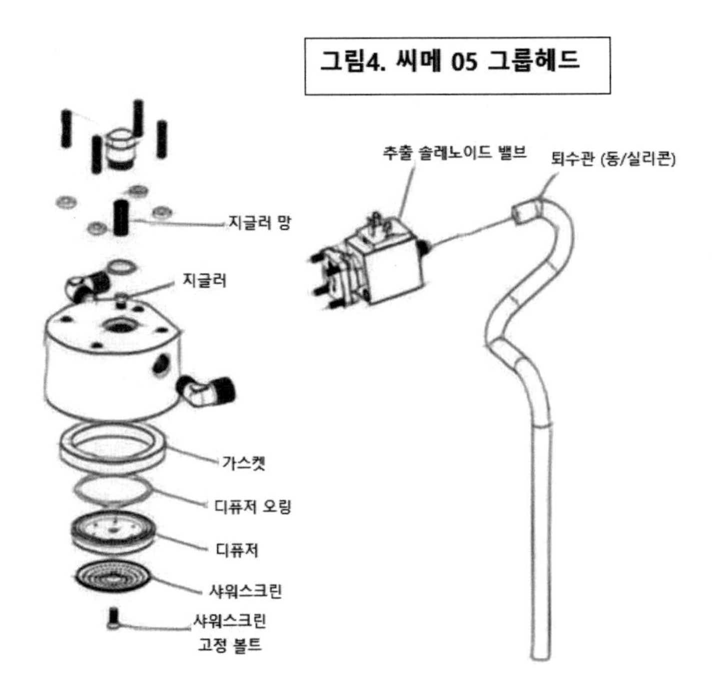

그림4. 씨메 05 그룹헤드

그림5. 씨메 05 스팀

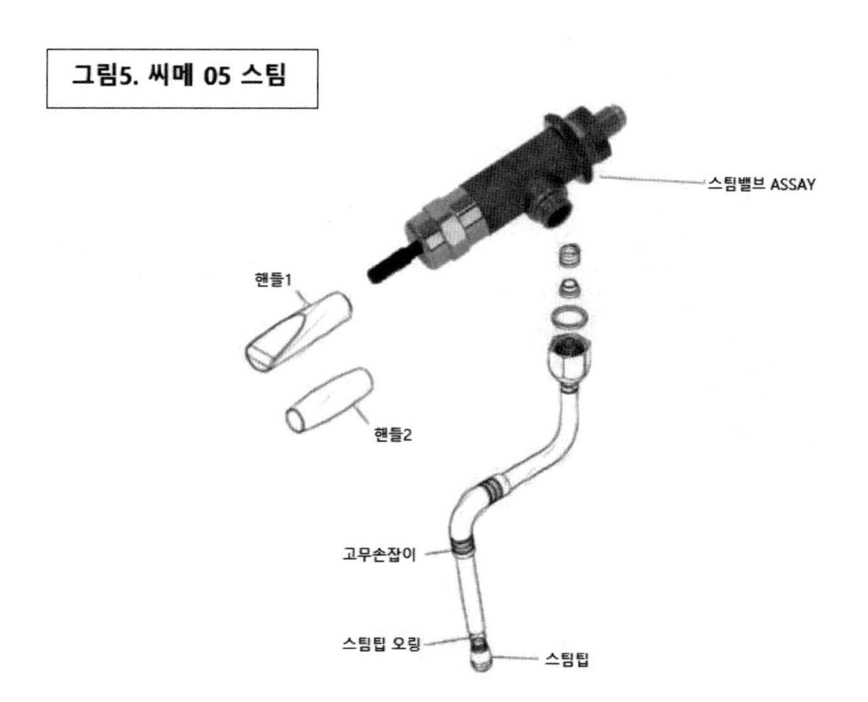

그림6. 콘티 X-1 그룹헤드

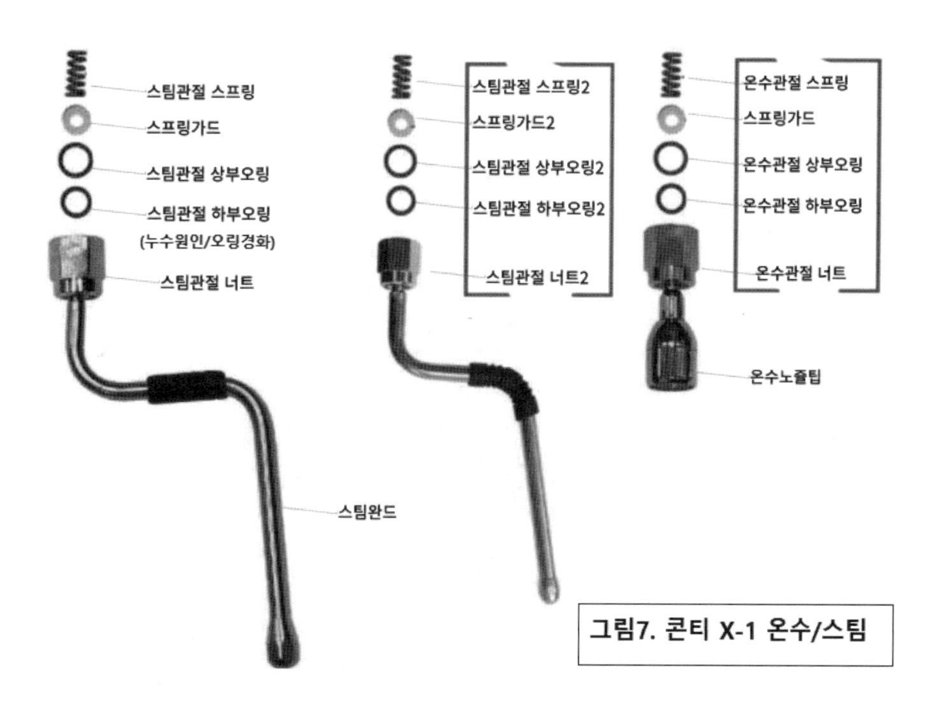

그림7. 콘티 X-1 온수/스팀

그림8. 시모넬리 아피아2 그룹헤드

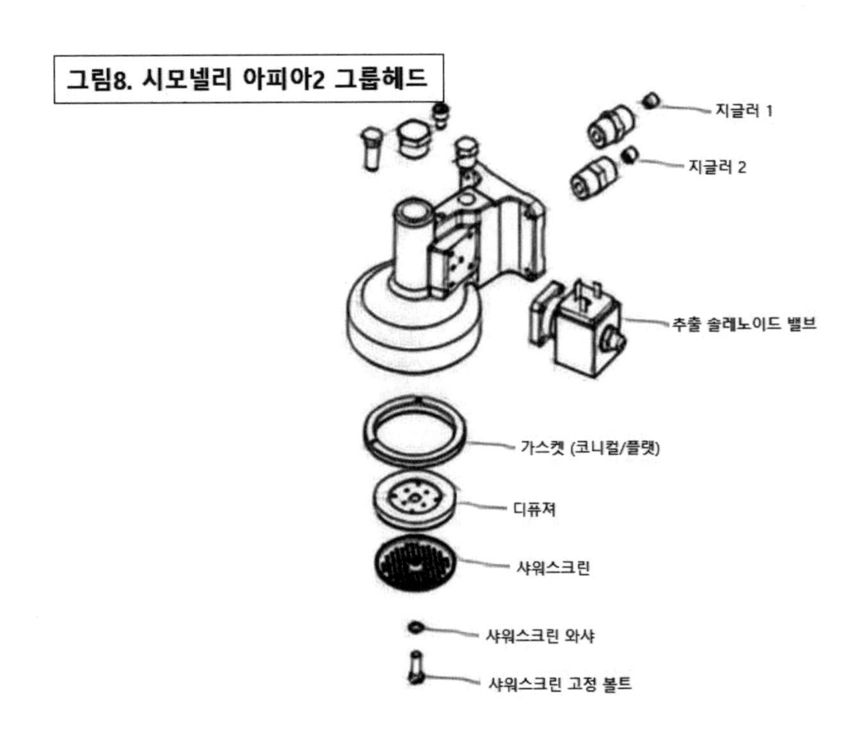

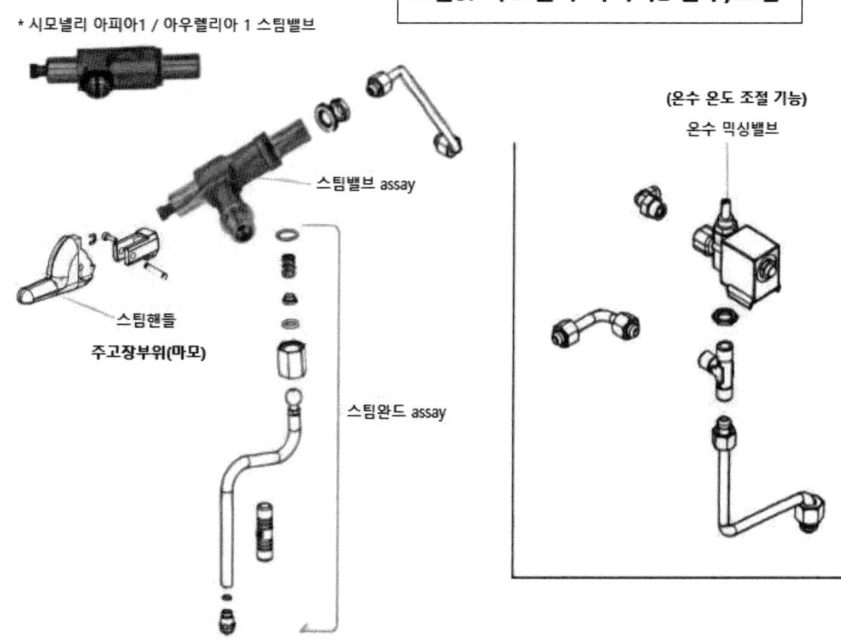
그림9. 시모넬리 아피아2 온수/스팀
* 시모넬리 아피아1 / 아우렐리아 1 스팀밸브
스팀밸브 assay
스팀핸들
주고장부위(마모)
스팀완드 assay
(온수 온도 조절 기능)
온수 믹싱밸브

"로얄 퍼스트 제작 모델 싱크로 T2 상판을 걷어 낸 사진으로

모든 부품이 한눈에 들어온다면, 이 이야기는 여기서 마무리됩니다!"

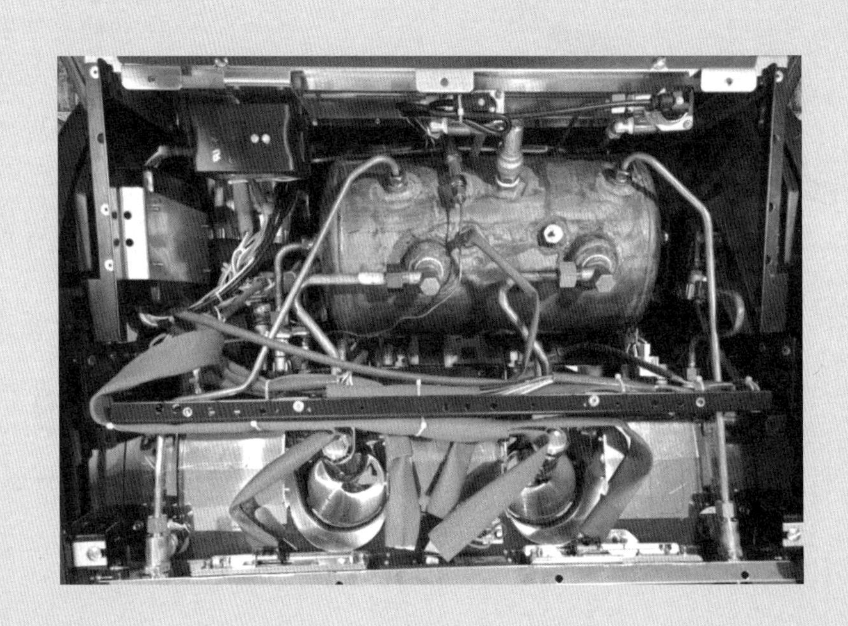

저자소개

권상준

(현)닥터스케일 부산경남지사 대표

(주)바이오빌 대표이사

(주)팔라우튜나 대표이사

아시아나항공,이스타항공 기장

문혜린

(현)닥터스케일 대표

2020년 닥터스케일 창업

커피머신 전용 세척장비(ADS-4) 특허 보유

SCA CSP Foundation 수료

일주일 만에 커피머신 정복하기

초판 1쇄 발행 2023년 12월 18일

지은이 권상준 · 문혜린
펴낸이 이기봉
편집 좋은땅 편집팀
펴낸곳 도서출판 좋은땅
주소 서울특별시 마포구 양화로12길 26 지월드빌딩 (서교동 395-7)
전화 02)374-8616~7
팩스 02)374-8614
이메일 gworldbook@naver.com
홈페이지 www.g-world.co.kr

ISBN 979-11-388-2591-7 (13590)